U0161521

读客文化

隈研吾谈建筑

[日] 隈研吾 著　李斌 译

文匯出版社

图书在版编目（CIP）数据

隈研吾谈建筑 /（日）隈研吾著 ; 李斌译. -- 上海:
文汇出版社, 2021.7

ISBN 978-7-5496-3610-5

Ⅰ. ①隈… Ⅱ. ①隈… ②李… Ⅲ. ①建筑艺术—研
究—日本 Ⅳ. ①TU-863.13

中国版本图书馆CIP数据核字(2021)第139932号

隈研吾谈建筑

作　　者 / [日] 隈研吾
译　　者 / 李　斌

责任编辑 / 鲍广丽
特约编辑 / 王晓琪
封面设计 / 于　欣

出版发行 / 文匯出版社
社　　址 / 上海市威海路 755 号
邮　　编 /（邮政编码 200041）
经　　销 / 全国新华书店
印刷装订 / 河北中科印刷科技发展有限公司
版　　次 / 2021 年 7 月第 1 版
印　　次 / 2023 年 4 月第 2 次印刷
开　　本 / 880mm × 1230mm　1/32
字　　数 / 80 千字
印　　张 / 6.5

ISBN 978-7-5496-3610-5
定　　价 / 68.00 元

序 | 两次奥运会

我想以1964年和2020年的两次奥运会为辅助线，谈谈日本的过去和未来。另外，我还想借助这两条辅助线，对城市与建筑的过去和未来做一番思考。

城市将走向何方？我们的生活又将如何改变？对人类而言，住所到底意味着什么？人类与建筑的关系如何？而这种关系今后又将如何改变？在我们身处的这个不断流变、无法把握的时代，如果能巧妙地画出辅助线的话，那么对人类这一真相有待揭开的物种来说，看上去似乎模糊不清、没有出口的世界也许会稍微变得清晰一点。

日本的现代史跌宕起伏，错综复杂，想要对其加以概括绝非易事。不过，一旦画出1964年（第一次东京奥运会）和2020年

（第二次东京奥运会）这两条辅助线，事情就会一下子变得容易理解，历史的构造也会变得清晰起来。而且，除了这两条辅助线，以1970年大阪世博会和1985年的广场协议为发端的产业资本主义向金融资本主义的转变、1991年泡沫经济的破灭、2011年的东日本大地震等也是辅助线，或者说是时代的节点，我将借助与这些时代节点有关的个人回忆，来回顾和梳理“日本的现代”这一起伏不定的时代的主线。

幸运的是，出生于1954年的我得以见证了这些重要辅助线的现场，其中有几个事件我还作为当事人参与其中。虽然当时也曾苦不堪言，但我一心想把那时的所见、所闻、所感和一些新发现，还有事后的反省准确无误地传递给后代，这就是我执笔本书的动机。正因为我是拖着疲惫的身躯与这些辅助线一路并肩奔跑过来的人，所以才必须传递给后代。我是这么认为的。

目录 CONTENTS

1

1964——东京奥运会

2

1970——大阪世博会

3

1985——广场协议

4

2020——东京奥运会

1964——东京奥运会

1

“关于建筑师需要具备的能力，有各种答案，比如造型能力、美感等，但最需要的其实是理解能力，即能够理解人们想从一座建筑上获得什么，社会需要一座建筑具备什么。”

1 | 1964——东京奥运会

工业化社会是建筑的时代

1964年，日本举办了第一次东京奥运会。这次奥运会是一个改变了我人生的大型活动，而且发生改变的不仅是我一个人。

正如很多人指出的那样，1964年是战后日本经济高速增长的一个顶点，东京奥运会正是20世纪工业化社会的盛典。那为什么人们会觉得1964年的奥运会是工业化社会的象征呢？那次的东京奥运会到底意味着什么？

所谓20世纪，一言以蔽之，就是工业化的社会。工业化社会同时也是建筑的时代。如果被问到工业化的主角是什么，一般人大概都会回答是汽车，或者回答说是电视机、收音机等电器产品。通过批量生产制造出大量商品并进行交易是工业化社会给人们的一般印象。但是，工业化社会真正的主角其实是建筑。

其原因在于：汽车也好，电器也好，都是为“房屋”购买的，它们都从属于“房屋”这个人生大目标。

所谓“房屋”，准确地说，是指到了20世纪才变得人人都能买得起的“郊外的房屋”。一直到19世纪为止，只有极少数人能购入全新的房屋或者新建房屋。可以说，一直到19世纪为止，都没有“新房子”这种东西。大家通常居住在祖传的破屋子里，要不就是租住在城镇中的狭小空间里。建一个崭新的房屋只有大富豪才能做到，是一件极其例外、无比奢侈的事情。

然而，在20世纪的美国，任何人都可以在郊外盖房子。然后，为了从家里去往位于城市的公司上班，人们就需要拥有同样崭新的汽车。另外，为了装饰崭新的房屋，还需要有崭新的电器产品。

20世纪的美国发明了这种崭新的体系。国家让人们自由地开发森林和草原，并建立了住房贷款制度，为平民百姓准备了搭建房屋的资金。由此，以“房屋”为中心的体系和以“建筑”为引擎的经济体系就隆隆地启动了。

有了“房屋”这根“胡萝卜”吊在眼前，20世纪的人们开始拼命工作，并不停地消费。另外，在城市里，为了这群拼命工作的人，摩天大楼这种“胡萝卜”被不断建起。在崭新的摩天大楼里工作的人被看作千挑万选出来的精英。正如人们被允许随意破坏森林和草原那样，在20世纪初期的城市里，没有楼高的限制，所以像克莱斯勒大楼（1930年）、帝国大厦（1931年）那样的“胡萝卜”随便盖多高都可以。被高耸入云的“胡萝卜”所吸引，郊外的人们都到城市里来上班了。

搞建筑还是搞革命

住宅和大厦被不断地搭建起来，而且人们还在比拼它们的大小和豪华程度，这催生了巨大的经济效益。20世纪初，美国经济赶上了欧洲并凌驾其上，都是托“建筑”这一武器的福。可以说，汽车、家电之类的东西实际上全部都从属于“建筑”这种武器、这种欲望，它们和建筑一起被吊在人们眼前。从这个意义上说，工业化社会的真正主角就是建筑。

为了建造“房屋”，为了购买“房屋”，人们开始以前所未有的热情拼命工作。在还清贷款之前，是不允许偷懒，也不允许思考和犹豫的。无论在何种意义上，人们都讨厌不稳定，在政治上，稳定也是可以压倒一切的，这就是工业化社会（实际上是建筑化社会）的真面目。在工业化中占统治地位的是现代主义建筑。被称为现代主义建筑之父的勒·柯布西耶（1887—1965）的名著《走向新建筑》（1923年，日译本1967年，鹿岛出版会）最后是以这样两句非常有名的话结尾的：“到底是搞建筑还是搞革命？革命是可以避免的。”只要给大众以“建筑”这一饲料，他们就不会试图去闹革命，而是默默工作，渐趋保守化。柯布西耶精准地预言了这一点。

20世纪初的美国发明了这种新体系，而该体系下最优秀、实力最强的“高才生”（乖孩子）就是二战后的日本。日本向美国学习，制造出了比美国产品性能更优异的汽车和家电；而在建筑领域，日本更是将其“高才生”的派头发挥得淋漓尽致。

之所以能够做到这点，是因为日本一直到战前为止，都没有什么“建筑”。东京充满着木结构的低层公寓和用于出租的房屋。政府认为，为了防火和防灾，所有的房屋都需要重建，日本的城市实在是太低矮、太破旧、太寒酸了。但是，要重建就必须有强烈的动机和欲望，还必须有使重建变为可能的制度保障。所以，美国把以住房贷款制度为首的一整套做法教给了日本。至此，以建筑为中心，具体而言就是以建筑业为引擎，以美国为样板的日本战后体系开始强力运转起来了。

战后日本的体系与吉田五十八

战后日本的自民党政权是这一引擎的幕后推手，并且最大限度地利用了引擎的力量。换言之，战后的自民党政权与土木建筑业这一引擎是一体化的。在民间的经济力量发展尚不充分的时候，自民党政权通过公共事业来引领经济，建设了很多道路、桥梁、大坝，盖起了气派的政府办公楼和文化设施，让引擎转得更欢。与“建筑”结合能为政权的稳定提供强有力的保障，这是日本从美国那里学到的。

日本战后体制的设计者吉田茂首相非常敬爱英国首相丘吉尔，

并将其作为自己的榜样。丘吉尔有一句名言："人搭建起建筑，建筑也在塑造人。"这句评论非常具有启发性，道出了人类和建筑关系的本质；同时，也可以将其解读为从根本上支撑起战后日本体系的"建筑信仰"的基本理念。丘吉尔出身于马尔伯勒家族，这是一个新兴的英国贵族。因此，他们的家族成员都有些自卑。据说，正是这种自卑促使他们建造了布莱尼姆宫（1722年，见图1）这座名垂建筑史的宏伟壮丽的宅邸。在我看来，正是这个家族的自卑构成了丘吉尔上述名言的底色。

丘吉尔的"建筑信仰"被吉田茂继承并移植到了战后的日本，直接构成了政治、经济、文化的框架。继承了吉田理念的池田勇人提出了"自有住房政策"，奠定了战后日本繁荣的基础。吉田茂自己的宅邸（1947年，见图2）就是新兴数寄屋建筑之父的吉田五十八（1894—1974）所设计的，是建筑史上的名作。吉田五十八还设计了岸信介的宅邸，因此被称为"总理的建筑师"。有人曾说过，请吉田五十八设计住宅是成为总理大臣的必要条件。吉田还设计了第四代歌舞伎座（1951年），还有日本最具代表性的料亭——新喜乐（1940年），这家料亭如今仍被用作芥川奖的评选会场。可以说，日本战后这一时代就是吉田设计的。顺便一提，我设计了第五代歌舞伎座（2013年，见图3），并借此机会对吉田五十八与战后日本的关系进行了多方面的思考。吉田五十八被称为"日式大师"，其实吉田的建筑风格是简洁而又具备各种功能的现代主义建筑

图1　丘吉尔的出生地——布莱尼姆宫（牛津）

图2　吉田五十八设计的吉田茂宅邸（昭和三十年代）

图3　本书作者设计的第五代歌舞伎座（2013年）

（这种建筑是工业化社会的制服）与日本的数寄屋建筑的融合。正是凭借对两者的巧妙融合，也凭借对工业化社会的深刻理解，吉田才会被称为“大师”。

农田中的新干线

日本战后体系正式开始启动是在20世纪60年代，奥运会确定由东京来承办正是在这个绝妙的时间节点上。为了办好首次在亚洲举办的历史性的奥运会，陈旧破落的日本必须被一扫而空，必须向世界展示一个崭新的、锃亮的日本。为了这一宏伟目标，战后体系全面运作起来了。要想快速地把日本建设好，靠民间来主导是不行的，那样太慢。于是，在政府的号令下，为了向世界展示崭新的、锃亮的日本，子弹列车（新干线）、首都高速公路等构想产生了，通过24小时三班倒的突击工程，巨大的混凝土建筑被搭建了起来。

这种新景象的出现让当时只有10岁的我大吃一惊。从我在横滨的家到在农田中新建起来的新横滨车站，步行也只要几分钟。我一直把那片农田当成我们家的院子，在里面钓龙虾、捉蜻蜓。突然有一天，在农田中央搭建起了用于施工的临时围挡，然后从围挡里接二连三地冒出了粗大的混凝土桥墩，这让我很是吃惊。

当时，日本人的辞典里还没有“环境破坏”这个词，10岁的我脑袋里当然也没有这个词。只不过看到无比巨大的混凝土框架，内心觉得很厉害。

我觉得它厉害其实是有理由的。我和我的家人曾经都属于陈旧破落的一方，也就是崭新、锃亮的建筑的对立面。因此，对于崭新的东西就会钦羡不已。

破落的家

下面我来讲讲我们家的破落情况。

首先，我父亲年纪大了。父亲结婚迟，我是在父亲45岁时出生的长子，1964年，父亲已经55岁了。他曾经在三菱集团的一家公司工作，可以说是铁饭碗，但那时已经被踢到一家底下的公司去了。他的口头禅是：“我年纪大了，随时可能被解雇。你们要忍着点，过简朴节约的生活。”出生于明治时期的父亲的话语有一种威慑力，家人完全无法反驳或顶撞。每当父亲说这番话的时候，原本就陈旧昏暗的家里会越发昏暗，并陡然沉重起来。

家里不仅昏暗，面积也小。我的外公在东京的大井（品川区）经营着一家小型医院，但他不善交际，唯一的放松手段就是周末的农活。为了能种地，他从大仓山（神奈川县横滨市）的一户农民那里租了一块小小的农田，并在田里盖起了一座小木屋，这是1942年的事。战后，我的父母就把它当成了新居。

战前的日本在1939年制定了限制住宅面积的条例，规定建筑面积的上限为100平方米。不过我们家的面积远低于上限，没必要担心超标。

因为这是周末干农活时用于休息的小屋，所以非常简朴。虽说是日本式的，但与所谓的数寄屋式的别致建筑相去甚远。所有的房间都铺着榻榻米，墙壁则是土墙。土墙中质量稍差的部分不断开裂，泥土都掉到了榻榻米上，使得家里的地面有些硌脚。父亲用透明胶带修补土墙的裂缝，所以，墙面看上去像贴了创可贴一样，惨兮兮的。以简朴节约为座右铭的父亲得意扬扬地把透明胶带贴满了整个墙面。窗框也不是当时已经开始普及的亮闪闪的铝合金窗框，而是木头的双槽拉窗，所以冷风一个劲地吹进来，一到冬天，家里就寒冷彻骨。这个家让我觉得简直没脸见人，也让我感到无比厌恶。

与这座又小又破的房子形成鲜明对比的崭新的房屋当时正在以惊人的势头增加。我每次去朋友的“新家”玩的时候，都会对其明亮发光的材料——比如崭新的塑料桌布、光滑闪亮的地板、过于明亮的荧光灯、严丝合缝的铝合金窗框、大大的电视机和冰箱等——感到非常吃惊。与我家不同，这里夏天有空调，非常凉快，冬天则温暖得让人甚至有点不舒服。

住在这种房子里的朋友的父亲一般也跟房子一样，朝气蓬勃，腰杆笔挺，一切都显得那么耀眼。我那快要退休、暗淡无光、疲惫不堪的父亲与他们相比，简直有着天壤之别。陈旧狭小的房子似乎象征着我们家庭的破落，这让我越发感到厌恶。

因此，我在观察朋友家房子的时候特别仔细。我从上幼儿园开始，就一直是坐15分钟的轻轨（东急东横线）从大仓山的家里去田园调布（大田区）上学。我外公讨厌东京，热衷于周末去横滨种地，但我母亲却正好相反，她讨厌农村和农田，所以幼儿园和小学都是让我坐轻轨去田园调布这个有名的高级住宅区上的。

从大仓山到田园调布一共8站，每一站都有我朋友的家。当时（20世纪50年代至60年代）是东京变化最大的时期。我近距离目睹了木结构小房子密集的"小东京"以惊人的速度向混凝土楼房和高级公寓密布的"大东京"转变的过程，并且全程都十分仔细地观察了，因此留下了深刻的印象。转变的速度在各个街区、各个车站都是不一样的，大都参差不齐。即使只隔一个车站，有时让人感觉时光像倒流了10年，有时则感觉像倒流了50年。去朋友家玩成了一场奇妙的时空穿越之旅。在旅途中可以遇到各种房子，也可以遇到各种人生、各种街区、各种城市规划、各种经济。

在里山成长

在我遇到的房子中，位于大仓山的我家的房子周边是最落后的农村。虽然我家离车站只有100米，但是屋子后面隔了两间房距离的就是把土地租给外公的农民家的大房子，那房子后面紧靠着山，山的名字就叫大仓山。

在那里，我切身体会到了日本独特的村落形式——里山。在山脚下组建村落是日本农村的基本形态。日本人组建村落的地点不是在山里，也不是在农田中，而是在山和农田的接壤处。究其原因，是山不仅可以为建筑、家具和用具提供材料，山本身还是能够提供能源的基础设施。

19世纪以前的日本当然没有电力公司，也没有煤气公司。起代替作用的基础设施就是山，人们烹饪和烧水时烧的就是从山上砍来的木柴。所以，山对日本人的生活来说是不可或缺的，人们的房屋在搭建时也紧挨着山这个唯一的基础设施。

就这样，村落形成了，而支撑着村落的山则被称为里山。然后，人们在里山和村落的交界处建起了神社。因为大家觉得里山是神圣的，如果破坏或者粗暴对待它的话，我们就无法生存下去，所以在山麓建起了神社，用来守护里山。

我出生和成长的大仓山就是一座典型的里山。在1964年东京奥运会之前，横滨和东京都还留有很多里山，与里山一体化的生活也是存在的。

我家屋子后面隔了两间房距离的农户家有一个叫淳子的姑娘，跟我同龄，我们每天都在位于里山脚下的她家周围玩耍。

里山脚下水源丰富，有点潮湿。淳子家后面正对着两个山洞。我母亲在和父亲结婚之前，从战争时期开始就生活在大仓山的这处小屋里，所以有很多关于山洞的回忆。一旦有空袭警报响起，大家就都逃到山洞里。母亲喜欢在这个山洞里静静地看书，即使空袭结束，大家都回家了，她仍然留在山洞里继续看书。

山洞对母亲来说是图书室，但我却很怕住在里面的蚰蜒和蜈蚣。里面还有巨大的癞蛤蟆。我喜欢的是山洞前面的深水池，里面有钓不完的龙虾。在线的一头绑上钓饵，然后扔到深色的水中，线就往下沉。一旦感到有东西在拽线，就赶紧把线拎上来。

淳子家有各种生物。在小小祠堂的旁边，有里山渗出的水在流淌，水里住着溪蟹。鸡和山羊都有各自的小窝。但住得离人最近的还是大青蛇，只要把厨房的地板拆掉一块，就会发现下面睡着长长的、光溜溜的绿色的蛇。

从淳子家魔法庭院的山羊窝旁边出发，穿过竹林，可以抵达大仓山的山顶，这是一条只有我们知道的秘密路线。从大仓山车站到山顶修建了柏油马路，但我们总是抓住竹子，沿着竹林中的陡坡往上爬，以最短距离登顶里山。我们从潮湿的山脚出发，穿过黑暗的、沙沙作响的绿色竹林，就能到达明亮的山脊。

鬼屋与工艺美术运动

大仓山的山顶有一座像鬼屋一样的奇妙建筑，名叫大仓精神文化研究所（见图4）。它有点类似于国会议事堂，不过在我在里山玩耍的那个年代，它是封闭着的。这处废弃建筑的柱廊上方是通灵塔式的屋顶，我从来没见过这种设计，当时只是觉得可怕。

进入大学之后，我才知道这是辰野金吾（1854—1919）的弟子长野宇平治（1867—1937）的作品。辰野金吾是我也曾执教过的东京大学建筑系的首位日本教授。明治政府最初讲授的是西欧风格的建筑，他们从英国请来了年轻的建筑师约西亚·康德尔（Josiah Conder，1852—1920，见图5），聘请他为东京大学建筑系首任教授，这是1877年的事情。明治政府以为从英国请来的是少壮派精英建筑师，但这个康德尔的真面目其实是一个性格有点乖僻的年轻人。明治政府想把发源于古代希腊、罗马的正统西欧建筑（别名古典主义建筑）不走样地移植到日本，但这个叫康德尔的年轻人却对正统的古典主义建筑抱有疑问，正在探索其他设计的可能性。换言之，他并非明治政府想要的那种高才生。

图4　长野宇平治设计的大仓精神文化研究所（1955年左右拍摄）

图5　东京大学工学院建筑系楼前的康德尔雕像（本乡校区）

图6　威廉·莫里斯的“红屋”（英国贝克里斯黑斯）

康德尔的老师是一位名叫威廉·伯吉斯（William Burges，1827—1881）的建筑师，他是19世纪末兴起于英国的工艺美术运动的成员。伯吉斯的代表作是威尔士的卡迪夫城堡（1868—1881），其特征是拥有中世纪城堡那样的宽敞外观。工艺美术运动的成员们对19世纪席卷英国的产业革命，也就是用机器进行有组织的大量生产提出了不同意见，他们提倡恢复中世纪工匠的那种手工活。工艺美术运动的领袖威廉·莫里斯（William Morris，1834—1896）用红砖搭建起了“红屋”（1859年，见图6），还复刻过中世纪的墙纸，销售过曲木家具。他们被称为中世纪主义者，反对以古希腊、罗马的神庙建筑为模板的正统古典主义建筑。在文艺复兴之后的欧洲，人们认为古典主义建筑才是正统，所谓建筑教育，就是讲授古典主义建筑。古典主义建筑首先强调的是严格的数字比例，这种建筑带有一种威严，看起来高高在上，而工艺美术运动批判的就是这种建筑。这一运动的成员心中的理想目标是不被规则和体系束缚的中世纪的工匠们。

师从伯吉斯的康德尔也憎恨产业革命，讨厌古典主义建筑，可以说是那个时代的嬉皮士。正因为他是嬉皮士，所以才接受了来自亚洲尽头的日本的邀请。正儿八经的高才生是不可能来日本的。

来到日本的康德尔一直在烦恼。明治政府希望他进行正统古典主义建筑的教育，岩崎家族、三井家族等明治时期的大富豪也希望来自英国的东京大学教授为他们设计正统的古典主义建筑。然而，康德尔本人是为了寻找有别于古典主义的道路才特地来到日本的。他相信亚洲有东西能够启发他超越古典主义建筑，所以才告别英国来到世界尽头的。

康德尔被迫分裂了。他按照财阀的愿望，设计了开东阁（1908年）、三井俱乐部（1913年，见图7）等古典主义的大宅邸。但是，这毕竟只是他为了生活而承接的工作，他的兴趣和志业另有所在。由他引入亚洲元素所设计的鹿鸣馆未获好评，很快就被拆毁了。之后他投入日本画大师河锅晓斋（1831—1889）门下，并获得了河锅晓英这一别名，创作了大量奇特的画作。

河锅晓斋在明治画坛原本就是一个异端。明治画坛的理论领袖是冈仓天心（1862—1913），明星画家则是横山大观（1868—1958）。天心告诉画家们，要像欧洲的大艺术家那样，摆出一副很了不起的样子。他们想把欧洲的艺术家和社会的关系移植到日本来。而河锅晓斋的风格则是乘着酒兴以惊人的速度自得其乐地画些日常风俗，这被看作尚未摆脱江户趣味，是落后于时代的。

但康德尔觉得河锅的驳杂和不像个艺术家这点很有意思，所以才拜他为师。无论从哪个意义上讲，康德尔都是中世纪主义者，是反现代的。他去花街柳巷寻欢作乐，让新桥的艺伎给他生孩子，而他的正房太太前波久米则是花柳流的舞蹈家。

接替康德尔并成为东京大学建筑系第一位日本教授的辰野金吾出生于佐贺的一个贫穷家庭，从小就饱尝艰辛。他揣度明治政府的

图7　康德尔设计的纲町三井俱乐部（东京三田。1968年拍摄）

图8　辰野金吾设计的东京站（现在）

意向，按照正统的古典主义样式设计了日本银行总店（1896年）和东京站（1914年，见图8）。他准确地理解了明治政府需要什么，并竭尽全力去满足其需求。

但是，辰野的弟子们却各有烦恼，摇摆不定。比如设计了大仓精神文化研究所的长野宇平治。他遵照古典主义建筑的规定设计了日本银行的多个支行（其中之一是日本银行小樽支行，现为日本银行原小樽支行金融资料馆，见图9），但总觉得不太满足。后来他遇到了身为异端的实业家大仓邦彦，长期受到压抑的情绪才一下子爆发出来。大仓邦彦想进行新精神文化的研究，于是设立了大仓精神文化研究所，而长野用前希腊式的风格设计了这栋建筑。大仓精神文化研究所的柱廊没有采用欧洲正统的希腊柱廊的形式，而是以再现克里特文明、迈锡尼文明的风格为目标。长野将他对古典主义的不满都发泄到了这座建筑上。在其他地方从没见过的奇怪柱子、幽灵的头巾一般的三角窗，这些东西对于在大仓山玩耍的孩子们来说，当然是可怕的。里山山顶上矗立着继承了康德尔的苦恼的可怕鬼屋，我们只是远远地望着它。不过长野倾注在这座前希腊式的奇特建筑中的感情，以及作为这种感情根源的康德尔的反现代和工艺美术运动，这些东西也许一直在我的内心深处回荡着。

图9　长野宇平治设计的日本银行原小樽支行（现为金融资料馆）

田园调布与田园都市

我从大仓山去田园调布上学，幼儿园加上小学一共上了8年。从大仓山到田园调布途经8个车站，每个车站都有各自的氛围和生活。途中会跨越多摩川，距离大约为10公里。

在大仓山，我奔走于里山这一奇妙的空间中，不是用大脑，而是用身体感受着里山。

另一方面，在田园调布，我还接触到了城市规划这个需要用头脑去思考的世界。我上的幼儿园位于田园调布站的西口，小学则位于东口，西口和东口是对比非常鲜明的两个世界。西口以车站为起点，同样宽度的马路以辐射状向外延伸，是一个城市规划的世界，几何学的世界，也就是大脑的世界（见图10）。在我上小学的时候，老师很自豪地告诉我们：在涩谷和横滨之间开通铁路，田园调布车站建成的时候，明治实业界的领袖——涩泽荣一和涩泽秀雄父子提出了这种辐射式的城市规划。田园调布这个街区的气派和与众不同是田园调布小学独特性的核心。

涩泽荣一先生是一个引领时代的厉害人物，田园调布是可以向世界夸耀的先进街区，当时我整天被灌输这些内容。涩泽荣一看了英国的埃比尼泽·霍华德（Ebenezer Howard，1850—1928）于1898年撰写的著作《明日：一条通往真正改革的和平之路》（鹿岛出版会，1902年将书名改为《明日的田园都市》），对其中所倡

图10　被复原的田园调布站（现在）

导的田园都市（garden city）这一构想产生了共鸣，然后创建了田园调布这个街区。霍华德的设想是“城市与农村结合”，不是建造单纯的郊外住宅区，而是要在自然中、在绿荫中建造工作区域与住宅相邻近的社区。然而，田园调布最终只成为漂亮的郊外住宅区。从某种意义上说，田园调布离东京太近了，而且20世纪日本的理想工作形态是在丸之内 、大手町的大企业一直勤勤恳恳干到退休，这与在绿荫中，在工作区域靠近住处的环境中工作这样一种想法是格格不入的。21世纪的人们托IT的福，实现了远程上班，他们觉得城市的高层写字楼让人不舒服，对他们来说，霍华德的田园都市是真实而又切身的梦想。不过，要让深度沉浸在20世纪的工业化中的日本人理解绿荫中相邻的工作区域和住宅，是万万做不到的。结果，田园调布成了只有地名中有“田园”字样的高级“理想都市”。

对于在里山的一角与龙虾厮混在一起的我来说，有点腻烦田园调布那种轻浮的时髦。同样是田园调布，我更喜欢的不是有着辐射状马路的西口，而是位于东口10多米宽的道路周边的有着平民住宅区风格、略显杂乱的田园调布。另外，往多摩川的方向走，就会突然出现以温室大棚栽培为业的农户——当时被称为温室村——悠然自得地生活着的景象，我对此也产生了共鸣。住在温室村的同学皮肤都被太阳晒得黝黑，容貌也与生活在田园调布的同学不一样。

十宅论与东横线

我对于时髦的郊外住宅区的违和感在20年后促使我写出了《十宅论》（1986年，东装出版；1990年，筑摩文库）这本书，该书的副标题是“10种日本人居住的10种住宅”。我把日本人分为10类，以幽默搞笑的夸张手法记述了他们的文化、气质、品位、分布状况等。这10种人分别是：单身公寓派、清里食宿公寓派、咖啡酒吧派、哈比达派、建筑师派、住宅展示场派、独门独院派、俱乐部派、料亭派、历史屋派。漫画家、散文家渡边和博先生觉得《十宅论》很有意思，于是把我叫到惠比寿的酒馆里，我们两个笑了一个通宵。当时，渡边先生已经写出了《金魂卷》（1984年，主妇之友社）这本畅销书，创造了“大款”和“穷光蛋”这两个流行词汇，获得了第一届流行语大奖，从而受到世人的关注。他虽然很腼腆，但非常敏锐，我从他那里学到了很多东西。《十宅论》文库版的封面也是他为我画的。

在我的少年时代，东京从“又小又破的城市”摇身一变成了“又大又新的城市”。在这种时期，会诞生各种新富豪，各有一种不同的文化注入，上演着盛衰交替的好戏，城市的风格和文化往往是混乱的。并非只有日本这样，无论是什么城市，都会至少经历一次这种青春期一般的喜悦与伤感杂糅的时期。度过青春期，城市就成熟了。伦敦也好，巴黎也好，纽约也好，都有过这种青春期。

我很幸运，得以与这种混乱一路同行，并进行了冷静的、恶作剧式的观察。一端是淳子家的农村房屋，另一端是田园调布西口的“时髦漂亮的理想城市”，中间则是东横线的各种车站，那里住着我的各种朋友。

在大仓山，新横滨站附近的农田不断被平整，然后上面建起了住宅区，带有小草坪庭院的洋气房子如雨后春笋般冒了出来，而且院子里必定养着狗。屋子里有铝合金窗框、塑料餐布和亮闪闪的荧光灯，跟昏暗的我们家一比，显得格外明亮，令我很是羡慕。

从大仓山往涩谷方向去的第三站是元住吉（东京横滨间地图，见图11），这里建有混凝土筑成的高层住宅，我的朋友小久就住在里面。楼只有四五层高，按今天的标准来看，根本算不上高层，而且没有电梯。但是，当时我却觉得这绝对是高层建筑，并非常羡慕能够住在高空的小久。其平面设计图被称为星形，形状像海星，即使在今天看来都很有意思。

后来不断拔地而起、成为日本城市制服的混凝土公寓通常正面宽6米左右，只有一边有窗户，一户一户地沿走廊并排排列，有点像监狱。而这种星形住宅的住户门面有三种朝向，像是单门独户的房子纵向叠加在一起。所以，小久家的房子让人感觉是浮在空中的。

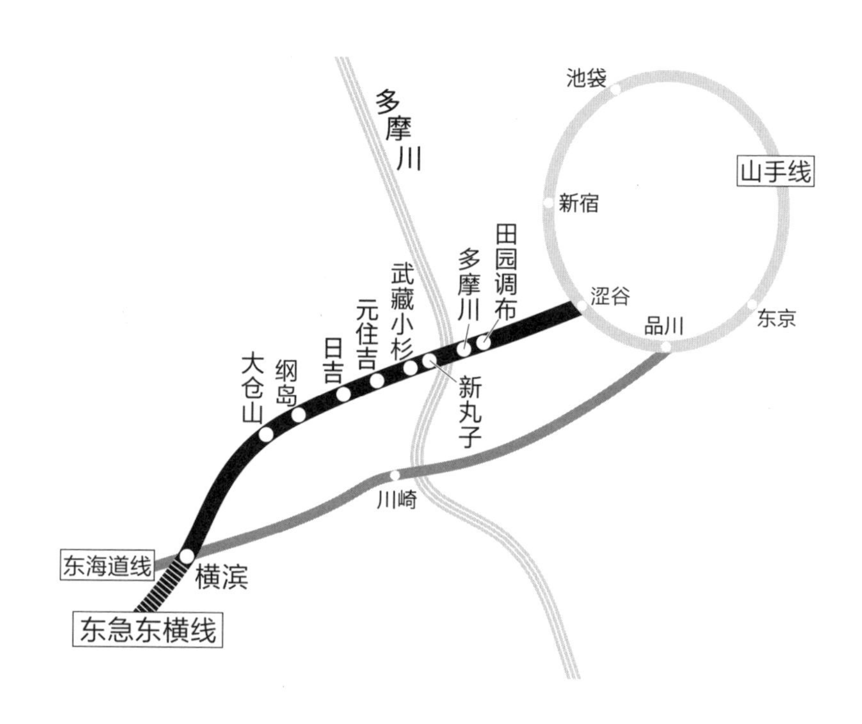

图11　东急东横线的简略示意图

元住吉、武藏小杉和新丸子是多摩川西边的街区，靠近川崎，因为工厂很多，与郊外的氛围又不一样。制造产品的工厂街区与里山的农户相比，充满了另一种现场感，去那里玩是一件让我很期待的事。

与生产无缘、仅以消费为目的的“郊外的房屋”最让我觉得无聊和孱弱。住在工厂里的朋友的风格也跟郊外居民不同。我有很多朋友，也去很多人家里看过，亲眼看到了房屋的内部装修，也仔细观察了它们的外观，由此知晓了各种文化。如今，我的工作就是去到全世界的各种地方，与各种人、各种街区打交道，不过无论去到哪里，无论遇见什么人，我都不太会感到惊讶，我想这可能是因为我曾经在那个时期居住在东横线的沿线。

代代木竞技场的冲击

我就这样一直往来于大仓山与田园调布之间。到了1964年我上小学四年级的时候，转机降临到了我身上。因为东京确定将要主办奥运会，里山周边一下子沸腾了。曾是我游乐场所的农田中出现了巨大的新横滨站的身影，赤坂见附的十字路口上方则在不知不觉间架起了高速公路。这与里山的小房子相比，规模高出了太多，令人咋舌。

但是，这种惊讶与被父亲带着去看举行奥运游泳比赛的场馆——国立代代木竞技场（见图12）时的震惊相比，算不了什么。

父亲时不时会带全家人去看新建成的热门建筑。游乐园倒是几乎没带我们去过。因为游乐园要花钱，而且我父亲也不是愿意陪孩子们玩的人。

在20世纪60年代，日本开始接二连三地建起了现代建筑（又名现代主义建筑）。所谓现代主义建筑，就是20世纪上半叶始于欧美的新建筑样式。该样式以混凝土和钢铁为主要材料，以功能性为本位，完美回应了20世纪工业化社会的需求，从而成为工业化社会的制服。法国的柯布西耶设计的萨伏伊别墅（1931年，见图13）、德国的路德维希·密斯·凡德罗（Ludwig Mies van der Rohe，1886—1969）设计的巴塞罗那世博会德国馆（1929年，见图14）被称为初期现代主义建筑的杰作，直到今天，这两处建筑在大学的建筑系仍受到推崇。

这种新样式正式进入日本是在二战之后。此前用砖块、石头、木材等就近获取的材料建造的建筑物全部被否定了，它们被认为是陈旧的、华而不实的，而用工业化社会的主角——混凝土和钢铁建造的现代主义建筑则被视为正义的、正确的建筑而受到追捧。

战后日本的现代主义建筑的头把交椅属于建筑师丹下健三（1913—2005）。丹下在曾遭受原子弹爆炸的广岛的复兴象征——

广岛和平纪念资料馆（1955年）的设计竞赛中获胜，成为战后日本现代主义建筑的明星。此后，他正好赶上了战后复兴和经济高速增长，逐渐成长为“世界的丹下”。

我父亲是坐办公室的工薪族，与建筑师和建筑业都无缘，但他对新的设计抱有非比寻常的兴趣。之所以会带家人去看新建成的现代主义建筑，与其说为了家人，不如说缘于他自己的兴趣。丹下的前辈前川国男（1905—1986）的代表作——上野的东京文化会馆（1961年，见图15）让我感受到了混凝土所展现出的充满力量的阳刚之美，而位于横滨野毛山的神奈川县立音乐堂（1954年）的玻璃幕墙的透明感与外面的森林则有一种和谐之美。原来位于涩谷、现在已经拆除了的大谷幸夫（1924—2013）设计的东京都儿童会馆（1964年）多用中庭设计，其空间结构很有意思，里面有儿童游乐的场所和读书角，是我很中意的地方。

但是，我觉得丹下的代代木竞技场与上述建筑完全不在一个层次，所有的现代主义建筑在它面前简直就像不存在一样，它就是具有这种气势。

从大仓山坐东横线在终点站涩谷下车，然后从车站沿后来被称为“公园路”的马路慢慢往上爬，就会看到像塔一样的东西出现在山冈上，那就是我们要去的代代木竞技场。

图12　丹下健三设计的国立代代木竞技场第一体育馆

图13　柯布西耶设计的萨伏伊别墅

图14　路德维希·密斯·凡德罗设计的巴塞罗那世博会德国馆

图15　丹下的前辈前川国男设计的东京文化会馆（上野）

1964年的东京是一个到处充满木结构建筑、矮小破旧的城市。三座混凝土建造的塔就高耸在这样的城市中。其中两座支撑着大一点的第一体育馆的屋顶，一座支撑着稍小一点的第二体育馆，这三座塔仿佛从天而降的奇迹一般，屹立在涩谷的山冈之上。

设计者丹下健三被称为解读时代的天才。他凭直觉领悟到时代所追求的是垂直的、高大的东西，所以用混凝土搭建了高塔。

超高层办公楼之所以那么高，是有其必然性的。因为如果要在占地面积有限的前提下确保最大限度的建筑面积，就自然会变成把几十层办公室堆砌在一起的高楼。

但体育馆原本没必要那么高。用于游泳比赛的游泳池不需要很高。但丹下的直觉告诉他，1964年的东京需要高度。他预料到了东京将会从低矮的城市大变样为高大的城市。

1964年的东京还没有超高层建筑这种东西。日本最初被称为超高层建筑的霞关大楼是在东京奥运会之后的1968年建成的，不过它实际上只有36层，高147米，按今天的标准来看，不一定能被称为超高层建筑。由此可见当时的东京有多低矮。

正因如此，丹下才会追求高度。他选择了悬索结构这样一种特殊的结构体系，也就是先建起高塔，然后把大屋顶悬挂在塔上。这样一来，建筑的实际高度就会超出其功能所需要的高度。建筑将会变得非常显眼，可以俯瞰低矮的城市。

悬索结构在当时一般用于吊桥等工程，极少应用于建筑上，因为有很多技术问题需要解决。我不确定丹下的团队当时是否有把握解决这些技术问题，而且工期和预算都很紧。代代木竞技场的实际工期是1963年2月1日—1964年8月31日，共18个月，此前没有人尝试过的悬索结构的建筑在这么短的工期内完工，简直就是奇迹。而完工日期离10月10日的开幕式只有39天。

56年后的2020年奥运会的新国立竞技场在开幕式前8个月就完工了，可以说是从容不迫。时代不同了。1964年采用的是一天三班倒的24小时不间断施工，而且因为坠落事故死了不少人。要是放在今天，可能会在网上引发不小的骚动，但在当时的日本，这是正常现象。也许当时很多人的想法是：为了引领社会的“建筑”这一神祇，有人牺牲也是没办法的事。

田中角荣与建筑

据说代代木竞技场的工程费用大大超出了预算。有一种说法是最后的工程费用将近原来预算的两倍。另外还有这样一则逸闻：丹下直接去找当时的财务大臣田中角荣交涉，田中说了一声“好”，于是丹下获得了追加预算。田中作为内阁成员，于1962—1965年担任财务大臣。

代代木竞技场和田中角荣这对组合在各种意义上都可以说是战

后日本的象征。简而言之，战后日本是以建筑为引擎而运转的。经济、政治等领域都依赖建筑，并以建筑为中心运转着。

社会的目标就是把旧、小、破的城市改建为新、大、亮的城市。这是富裕的定义，没有任何人对此提出异议。为了实现这个目标，日本进一步完善了法律，配备了以住房贷款为首的融资制度，将公共资金投入公路和大坝建设上，于是大型公共建筑也接二连三地建造起来了。

建筑业界由此阔绰起来，于是他们更是一往无前地倾整个业界之力支持自民党政权，目的就是让这个体系持续下去并进一步扩大。

工业化社会的其他主要成员——汽车产业和电子产业虽然也是战后日本体系的重要成员，但它们与政治的关系没有建筑产业那么密切，也没有这个必要。政治家与建筑业的关系是直接的，政治家的决定直接左右着建筑业的生意。建筑业特有的总承包人、分包人、二次分包人这样一种垂直的、封建的、武士式的阶层构造在选举中成为保守政权可靠的盟友。战后政治的风格就这样形成了，战后政治家的独特个性也是这样形成的。

这种风格的代表人物就是田中角荣这位政治家。他自己经营过土木建筑业，并创立了一级建筑士制度，有传闻说他自己就是第一位注册一级建筑士的人，而这绝非偶然。战后日本的政治家和日本的建筑业是命运共同体，是融为一体的。田中角荣就是这种连带关系的象征。他批准代代木竞技场预算超标的逸闻道出了1964年所象征的战后日本的本质。

解读时代

以屋顶吊在塔上这种悬索结构而闻名的代代木竞技场首先凭借其高度征服了人们，成为祭祀“建筑”这一神祇的神殿。

作为同一结构的建筑，经常会被拿来和代代木竞技场相提并论的是埃罗·沙里宁（Eero Saarinen，1910—1961）设计的耶鲁大学冰球馆（1958年，见图16）。身为同时代人的丹下和沙里宁经常被看作竞争对手，两座悬索结构的体育设施则被视为特殊建筑结构的双璧。沙里宁是当时引领世界的美国建筑设计界的王牌，这位大建筑师设计了TWA（Trans World Airlines，环球航空公司）航站楼（1962年）等美国的标志性建筑，而美国是工业化社会的领袖。据说丹下在设计代代木竞技场时，曾在很大程度上把耶鲁大学冰球馆作为参照物，对其进行了深入的研究。

但是，当我很久以后造访这座冰球馆时，对其毫不张扬的外形感到很是惊愕。首先，沙里宁没有搭建垂直的塔，而是在屋顶的中间建造了一个像脊梁骨一样的混凝土弓形结构，然后把屋顶吊在上面。因为没有塔，所以整个建筑低矮得令人吃惊，与地面融为一

图16　据说丹下曾经参考过的耶鲁大学英格斯冰场（美国康涅狄格）

体，与代代木竞技场给人的那种仿佛将手伸向天空的印象形成了鲜明的对比。

当然，如果考虑到一边是拼尽整个国家的尊严，在决定该国命运时建造的巨大奥运设施，另一边则是一所民办大学校园内的体育设施，那么这种形成鲜明对比的印象就毫不奇怪了。但是，并非所有的奥运设施都具有代代木竞技场那样的象征性，倒不如说奥运设施中能够被称为杰作的不多。因为必须在短时间内建造起众多设施，所以日程上和成本上都不宽裕，这就给建筑质量带来了不良影响。但是，丹下成功突破了这一限制。他准确理解了在那个时候，人们对于这一设施的期待是什么，以及奥运会是何种类型的活动，对于国家有何种意义。尽管有工期上的限制，丹下还是把他的理解外化为了一座建筑。

关于建筑师需要具备的能力，有各种答案，比如造型能力、美感等，但最需要的其实是理解能力，即能够理解人们想从一座建筑上获得什么，社会需要一座建筑具备什么。正是在这方面，丹下是个天才。建筑师最需要拥有的是通过物质、通过细节、通过形态，把想法变为现实的能力。因此，哪怕丹下是从冰球馆获得的启发，但他在其基础上进行了创新，打造出了级别完全不同的杰作。也就是说，丹下一飞冲天，成为了比美国王牌沙里宁还优秀的建筑师。

丹下与大地

在我造访沙里宁的冰球馆之后，对代代木竞技场又进行了更多思考。首先，两者在地面与建筑的连接方式上有很大的不同。冰球馆是孤零零地被放置在校园中的平地上。从地基与建筑的关系来说，极为普通、大众化。

与此相对，代代木竞技场的情况又如何呢？大地像绿色的假山一样隆起，其中还时不时混杂有城堡的石墙那样的坚固石块，支撑着混凝土的建筑。大地的造型和置于其上的建筑造型互相呼应，互相衬托。有时，建筑看上去像是被埋在大地下面。少年时代的我一到冬天就会去的第二游泳馆正是如此，我当时非常喜欢这种遮蔽方式。被代代木竞技场震惊的我，在奥运会结束之后也会在周末从横滨坐东横线来这里的游泳馆游泳，夏天就去主游泳馆，冬天则去第二游泳馆，一边入迷地看着建筑，一边游泳。

10岁的我只是被这座建筑震惊，觉得它很厉害，并不清楚丹下厉害在哪里，也没有注意到厉害的背后潜藏着何种深层次的机制和新的设计思想。

到19世纪为止，建筑师并不关心大地的造型，他们没有想到为大地本身做设计。西欧的传统建筑中，最常见的大地与建筑的关系都是首先在大地上建造一个被称为墩座墙（podium）的像台座一样的东西，然后再把建筑放在上面。被称为西欧建筑原型的希腊帕提农神庙就是最美墩座墙的例子。

到了20世纪，除了墩座墙，又开发出了底层架空柱（pilotis）这一新词。现代主义建筑巨匠柯布西耶厌恶沉重的墩座，他认为萨伏伊别墅的底层架空柱才是适合现代主义的大地与建筑的关系，结果20世纪的建筑界掀起了底层架空柱的热潮。正如墩座把建筑从大地上托起，使其显得特别那样，底层架空柱也托起了建筑，使其显得可贵。身为柯布西耶崇拜者的丹下健三用底层架空柱美妙地撑起了广岛和平纪念资料馆（1955年，见图17）、旧东京都政府大楼（1957年）等建筑，赢得了众多掌声与喝彩。

但是，在设计代代木竞技场时，丹下没有采用墩座，也没有采用底层架空柱，而是走上了第三条道路，那就是对大地进行自由的塑形和操作，借此使大地与建筑成为有机的连续体，从而奏出同一曲乐章。

在西欧，要想发现这种大地与建筑的关系是极其困难的。因为那里的大地是大地，建筑是建筑，二者分属不同的范畴。甚至可以说，建筑师的任务之一就是表现出二者的差别。墩座和底层架空柱都是用来展现这种对比的工具。建筑必须与野蛮、杂乱的自然形成鲜明对照，必须是精妙的人工构筑物。

但是，亚洲人并不认为自然与建筑是对照、对比的关系。中国的园林史就是一部建筑与自然进行充满紧张感的对话的历史。通过回廊（比如苏州园林的代表——拙政园的回廊）这一人工元素，在

图17　丹下健三设计的广岛和平纪念资料馆

自然中画出一条辅助线，就仿佛植入了一个画框，自然与人工之间就会发生各种对话。自然与建筑不是被加以对比，而是通过辅助线连接在一起。

日本的庭园从中国园林那里学到了很多东西，并对其进行了深化。后来，日本庭园以增加自然的分量和降低人工构筑物的比例为目标，发生了变化。国家很小，预算规模不同可能也是发生这种变化的原因之一。所以日本的做法不是大量使用回廊，而是改变大地本身的造型，对风景重新进行定义。修学院离宫的大型植篱，西本愿寺飞云阁可以停靠小船的巧妙设计，桂离宫用仍在生长的竹子编织成的桂垣，这些都是试图扩大自然的领域，重新划定自然与人工界线的野心勃勃的尝试。丹下在设计代代木竞技场时所尝试的建筑与自然的融合正位于这些重新划定界线的实践的延长线上。

凭借这一尝试，丹下到达了一个新境界，而这一境界是柯布西耶和美国第一的沙里宁都没能到达的。不与大地为敌，而与其为友，丹下凭借这一点成功给予人们更大的感动。

对我来说，丹下是一种反面教材。不过，经济高速增长时代的最佳建筑师丹下对待大地的方式让我学到了很多东西，这种影响时隔很久才开花结果。建在濑户内海中的大岛山顶的龟老山观景台（1994年，见图18）就采用了把观景台埋在土中，与山融为一体的方式。与石卷市北上川的河堤一体化的北上川·运河交流馆（1999年，见图19）采取了建筑等同北上川河堤一部分的处理方

图18　本书作者设计的龟老山观景台

图19　本书作者设计的北上川 · 运河交流馆

式。苏格兰邓迪的维多利亚与阿尔伯特博物馆（V&A）（2018年，见图20）则把苏格兰的悬崖（大地的一种形态）与建筑合为了一体。如果没有遇见代代木竞技场，这些建筑是绝对不会诞生的。

丹下的神殿

被代代木竞技场的外观震惊的10岁的我接着又被其内部设计震撼了。从低矮、黑暗的入口一进入馆内，就突然有一束光从天而降，这让我浑身一颤。这种特殊的光线体验来自精心设计的剖面规划。首先，伸向天空的两根混凝土支柱之间吊着两条很粗的钢缆，然后这两条主钢缆上又吊有副钢缆，这就创造出了拥有独一无二的有机剖面形状的大屋顶。两条主钢缆之间的缝隙中设有天窗，自然光线透过天窗洒入场馆内，全面照射着构成天花板的金属板，使其表面闪闪发光，由此营造出了一种甚至可以说是有点性感的光线效果。从天而降的光线通过游泳池水面的反射，将呈现出美妙曲面的天花板衬托得格外美丽。参加过1964年奥运会跳水比赛的美国选手曾经说，他有一种身在天堂的感觉。的确，这里是天堂，也是庄严的神殿。本应是体育设施的一座建筑脱胎换骨成了神殿，其中浓缩了一个国家的一个扣人心弦的时刻。而且，这座神殿与另一座神殿——明治神宫隔着神圣的森林遥相对望。

图20　本书作者于2018年设计的V&A博物馆（苏格兰邓迪）

丹下原本就对神殿这种东西有着特别的兴趣。他的处女作是广岛和平公园中的一系列建筑，战后日本的复兴与丹下的人生是同步的。广岛在原子弹爆炸中遭受了巨大损失，而爆炸的中心点是中岛地区，当时政府计划要把中岛地区建设成和平纪念公园，于是进行了一场设计竞赛，丹下的方案最终中标，于是他风光地出道了。作为与复兴同步的建筑师的处女作，没有比广岛更合适的项目了。丹下在广岛的设计带有一种象征性，非常适合广岛这个特别的地方，正是“和平的神殿”。

不过，实际上丹下真正的处女作是1942年他在日本建筑学会主办的“大东亚建设纪念营造计划”设计竞赛中提交的设计方案。丹下在这里也无比准确地嗅到了当时的需求，并将其转换成了建筑形态。最终，丹下获得一等奖。

丹下所描绘的宏伟蓝图是：修建通往富士山的公路和铁路，将富士山麓打造成“神域”（见图21）。计划中的公路走在了1968年竣工的东名高速公路的前面，而铁路其实就是东海道新干线。在蓝图中，被回廊包围的神域中高高耸立着混凝土构建的类似于大号伊势神宫的建筑，与富士山遥相呼应。

这份规划方案让我感兴趣的是：包围神域的回廊并非长方形，而是梯形。据我推测，丹下的这一构思应该是来自柯布西耶的国际联盟设计竞赛一等奖方案（1927年）。用直角矩形来界定空间的手法自古以来就作为城市规划和建筑规划的最基本方法之一而被频繁

图21　丹下画的鸟瞰图

使用。柯布西耶把直角稍微错了一下位，试图以此来使空间获得一种动态感，并由此获得了现代的象征性。

但是，这种几何学的变形操作并非柯布西耶的发明。文艺复兴之后产生的巴洛克建筑才是变形几何学的先驱。古代希腊、罗马建筑全面尝试了几何学的各种可能性，后来经过中世纪这个几何学的空白期之后，文艺复兴重新发现了几何学。

再后来的巴洛克建筑对几何图形进行了自由的变形，引入了歪、斜等要素，试图借此获得空间的动态感和更强烈的象征性。梵蒂冈圣彼得大教堂中被称为“国王大台阶（Scala Regia）”的回廊是柯布西耶设计的国际联盟总部方案的先驱，也是丹下的设计方案的先驱。丹下把以伊势神宫、出云大社为首的日本传统建筑的构造进行了巴洛克式的夸张和变形，借此超越了其他竞争者。将长方形转换为梯形，从而获得了极为强烈的象征性，丹下在战争时期，也就是他20多岁的时候就已经掌握这种技能了。

但是，当我们把丹下的方案和柯布西耶的国际联盟方案放在一起比较时就会发现，虽然二者最终都没有变为现实，却有着决定性的差异。丹下并没有像柯布西耶那样在单一的轴线上布置建筑物，而是将两座建筑并置，而且中间一定要留有空隙。被并列放置的两座建筑中间有空隙，而空隙的那一边可以看见极为重要的东西，也就是富士山，这就是年轻的丹下寻找到的手法。丹下就这样超越了柯布西耶。

法隆寺与丹下

这种留有空隙的手法让人想起了法隆寺的建筑布局。法隆寺被认为受到了中国建筑的巨大影响，而且据说当时施工的工匠很多也来自中国。

但是，当时中国的佛教寺院的布局与法隆寺的布局有着决定性的差异。中国的建筑群都是沿着一条轴线不断往深处排列，绝不会像法隆寺那样把两座建筑并列放置，然后在中间留出巨大的空隙（void）。不知是什么原因导致了法隆寺重视空隙，其布局规划也是横向较长，而非纵向较长。根据我的猜测，丹下就是模仿了法隆寺的空隙。

在我看来，公路和铁路之所以被并排放置，也是出于同样的不知名的理由。透过两条路之间的空隙，可以望见富士山。从这个角度来说，伊势神宫中也有同样的空隙。该神宫每隔20年就要迁宫一次，新宫有时建在左侧的土地上，有时建在右侧的土地上，而左右两侧的土地之间总会留有空隙，只有空隙是永远固定不变的。这让人觉得：比起不被固定，而是左右交替出现的建筑，永久存在于建筑之间的空隙才是重要的，而空隙周围的森林则更为重要。

比实际存在的建筑更重要的东西位于其前方，这种思维方式是法隆寺和伊势神宫所共有的，而丹下是这一思想的正统继承者。在战后“新丹下”的处女作——广岛和平纪念公园中，广岛和平纪念资料馆的三栋建筑也是被并列放置在象征着广岛悲剧的神圣的原子弹爆炸圆顶屋的正对面，三栋建筑之间也留有空隙。重要的不是建筑，而是空隙，以及位于空隙前方的神圣之物，即原子弹爆炸圆顶屋。

在代代木竞技场，空隙再次出现了。代代木竞技场并非只有一座建筑，在整体设计中，第一体育馆和第二体育馆这两座建筑是向天空伸展的象征性建筑，在这两座建筑之间的空隙前方，居然再次出现了富士山那神圣庄严的身影。

不知从什么时候开始，丹下把事务所设在了离代代木竞技场很近的表参道旁边。据说他把事务所设在那里的理由就是可以看见富士山。后来，他亲自设计的草月会馆也是一个可以经常看见富士山的建筑。“大东亚”建设纪念营造计划是赞美战争的建筑，对丹下来说，却是想忘记、想抹去的记忆。但是，丹下一生都没有忘记透过两座建筑之间的空隙看见的富士山。在代代木竞技场，两座神殿被排列在一起，东京都政府大楼（1990年）也是把两座塔楼，也就是神殿并排放置。台场的富士电视台总部大楼也是两栋建筑并排在一起，空隙是主角。虽然有评论说分成两栋之后，办公室使用起来不方便，但对丹下来说，与办公室使用的方便程度相比，建造分栋型的神殿要重要得多。

10 岁的我被矗立在原宿站前的那两栋神殿彻底征服了。我问父亲，这是谁建造的？父亲回答说，是一位叫丹下健三的建筑师设计的。我那天就下定了决心，要成为一名建筑师，总有一天要和造出这种惊天地、泣鬼神建筑的丹下老师一样，用建筑来感动大家。

2

1970——大阪世博会

“因为地方不同，遇见的人不同，所以我的作品自然也就各不相同。所谓工业，就是反复制造同样的东西，不这样的话就没有利润。而我则想通过建筑来证明，所有的地方都是各具特色的，所有的人都是各不相同的。”

2 | 1970——大阪世博会

1964年的庆典之后

此后我走过的路并非一帆风顺，其中既有我自身的原因，也有时代的原因。

1964年的日本处于经济高速增长的顶峰，举办了奥运会，建了新干线，甚至连高速公路都同时建了起来，使东京从一个低矮破旧的城市摇身一变成了高大崭新的都市。

但是，这种变化也给我们带来了各种思想上的变化。我第一次对旧东西不断被新东西代替的倾向感到怀疑是在我小学五年级的春天。

位于田园调布站东口的我的母校——田园调布小学的校舍原本是木结构的三层建筑，外墙贴着横木条，教室和走廊的地板是厚厚的木地板。全班同学拿着抹布在教室一头一字排开，一起擦拭黝黑发亮的美丽的木地板是我们每天的惯例。即使是今天，每当我回想起那个场景，仿佛都能闻到打了蜡的木板的味道。

之后听说校舍要改建成混凝土建筑了，我们都很兴奋，焦急地等待着新校舍建成的日子。但是，竣工后的校舍让人感到无比失望。虽然也是混凝土建筑，但只是矩形的铝合金窗框一字排开，像个大箱子，一点意思也没有，和丹下健三的代代木竞技场简直是天壤之别，也没有戏剧性的室内空间。在铺着氯乙烯廉价地板的教室里，排列着廉价的钢制课桌，让人反倒怀念起擦地板的日子来。

社会氛围也逐渐发生了变化，人们开始反思清一色的经济增长万岁和工业化礼赞。越南战争开始陷入僵局一事也给我们的情绪带来了很大的变化。对战后日本来说，美国是绝对的大哥，日本工业化和经济高速增长的模板都是美国。辉煌的美国居然被亚洲小国越南弄得团团转并迷失了方向，这一情况给孩子的想法和感觉带来了很大的变化。

当时，日本很多地方都发生了公害事件，特别是水俣病患者的悲惨画面给人以很大的冲击，虽然我在那个时候还是孩子，但对企业和政府试图隐瞒真相的态度也感到非常愤怒。

大阪世博会令人沮丧

进入初中之后，社会上开始出现更为不同的氛围。这种逆向的风潮正好跟我的青春期同步，所以那种感觉被放大了好几倍，违和感在我心中不断积淀下来。

正好在这个时候，1970年，我高一那年的春天，大阪举办了世博会。会场的影像中有很多外形美妙的场馆建筑（pavilion），让人心驰神往。虽然有越南战争、水俣病和光化学烟雾种种问题在困扰我，但不知为何，我对建筑的兴趣却没有消失。我想我一定要去趟大阪。在暑假快要结束时，我和朋友一起坐上了闪闪发亮的新干线，怀着期待去到了大阪。

但是，结果简直糟糕透了。在大太阳底下不得不排很长时间的队才能进入热门场馆，这件事让人感到绝望。

特别让我期待的是当时我心目中的英雄丹下健三、黑川纪章（1934—2007）等人设计的建筑群。我一直听说引导我和建筑相遇的丹下健三在世博会上也是中心人物。报道称，他亲自设计的名为“庆典广场”的中心设施是在欧洲的广场中加入了亚洲式庆典的概念，是划时代的。因此我一进会场大门就直奔庆典广场而去。

但是，那里既没有欧洲广场的风采，也没有亚洲庆典的热闹。有的只是工厂厂房使用的那种庸俗的钢筋搭建起来的既无趣，又大而无当的屋顶。那个设计代代木竞技场的丹下健三到哪儿去了？1964年的那种光芒到哪儿去了？我只能在酷暑中一边发呆，一边叹气。

新陈代谢运动与黑川纪章

我对于被称为丹下弟子的黑川纪章的期待比对丹下的期待还要大。我是在刚进初中时在NHK节目中第一次见到黑川的样子的。他戴着安全帽，站立在建筑物拆除的现场。吊在起重机上的铁球正在撞击混凝土的墙壁，将其粉碎。在大量扬起的尘埃中，建筑正在被拆除。而在建筑的旁边，黑川用他那三寸不烂之舌大声呼吁道："我们必须摆脱这种拆旧造新。建筑必须像生物一样，缓慢地变化下去。"我觉得他说的太酷了。我完全被说服了，于是黑川成了我心目中新的英雄。

东京奥运会举办三年后，也就是1967年，黑川出版了《行动建筑论——新陈代谢的美学》一书。据说，被称为"新陈代谢派"的建筑设计潮流开始的契机是1955年以东京大学丹下研究室的学生为中心的小型学习会。矶崎新（生于1931年）是组织者，美国的结构工程师康拉德·瓦克斯曼（Konrad Wachsmann，1901—1980）曾作为讲师被邀请到这个学习会上。瓦克斯曼曾资助过20世纪现代主义建筑运动的中心人物之一、包豪斯学校的首任校长瓦尔特·格罗皮乌斯（Walter Gropius，1883—1969），包豪斯学校是诞生于德国的一所以融合设计和技术为目标的划时代的教育机构。瓦克斯曼出生于一个木匠家庭，非常熟悉组装物品的现场。通过把这种从现场获取的知识和高端的数学相结合，他设计出了以瓦克斯曼飞机制造车间（1951—1953）为首的、符合新时代需求的系统性结构网络。他的朋友爱因斯坦的住宅就是他设计的。瓦克斯曼飞机制造车间是1970年世博会上支撑庆典广场的大屋顶的空间架构的原型。

以在东京大学建筑系15号教室举办的学习会的成员为核心，1959年掀起了一场名为新陈代谢的运动，给建筑界带来了冲击。能言善辩的黑川是这场运动的领袖，他甚至还担任了NHK的解说委员，在媒体上频频露面。如果说战后日本是以“建筑”为引擎而运转的话，黑川就是那个时代催生出的“建筑偶像”。开着阿斯顿·马丁在各处建筑工地转是黑川的生活方式，这正是与建筑主导的战后日本社会相适应的新偶像的诞生。

黑川从京都大学本科毕业后，进入了东大的丹下研究室读硕士，因此，丹下是黑川的老师。丹下深信，通过把日本的传统与最先进的工程学加以融合，自己已经将日本的现代建筑提升到了世界顶尖水平。从某种意义上说，比起文学、音乐等其他文化领域，日本的现代建筑更早达到了世界水平。丹下觉得自己位于日本现代建筑的中心，所以对于黑川在媒体上频频抛头露面，丹下是反感的、嫉妒的。有这样一则逸事：黑川在丹下研究室读研时，有一次在热海举行了研究室的年终联欢会，在联欢会上，丹下激烈斥责了黑川的言行举止。

不过，黑川可不是因为一顿斥责就会气馁的人。他的思维方式远比丹下有逻辑性。丹下是依靠直觉进行造型的“艺术家”，而黑川

图22　黑川纪章设计的东芝IHI馆（大阪世博会）

则属于“逻辑先行，造型后至”的那一类人。丹下是把时代需求翻译成建筑形态的天才，而黑川则靠预测时代走向吸引了一大批人。

黑川没有停留在重新解释日本传统这个层面上，而是把目光扩大到了整个亚洲。他讲述了亚洲的原理，认为其中存在超越工业化社会原理的生物原理。他的宣言是：用亚洲的、生物的原理和设计去超越西欧的、工业的事物。

因此，他提议用流动的、生物式的新陈代谢系统（通过不断更换舱体来实现）来替代西欧式、工业化的拆旧造新系统，他还提议用亚洲式的动态小巷来替代西欧式的静态广场。

我那时正在读初中，已经开始对经济高速增长和工业化社会产生了疑问，于是立刻成为黑川的崇拜者。我感到，能够改变时代、开拓未来的人只有瞄准亚洲、关注生物的黑川，而不是沉默寡言的艺术家丹下。

于是，我满怀期待地来到了酷暑中的大阪世博会，盼望着能够看到黑川设计的场馆。

但是，我对黑川设计的场馆的失望程度甚至超过了丹下设计的庆典广场。钢铁制造的舱体建筑（东芝IHI馆，Takara Beautilion，见图22）正是黑川加以否定的工业化社会的东西，与亚洲式的柔美和生物式的流动相去甚远，看起来就像是钢铁怪物。

我曾经向往的英雄烟消云散了，这令我无比沮丧。世博会会场带给我的只有炎热、不快和痛苦。

图23　瑞士馆（大阪世博会）

广场与餐盘

不过也并非没有安慰。安慰之一是瑞士馆（见图23）。虽然叫瑞士馆，但那里并没有“馆”，也就是没有建筑，只是在广场上方立着一棵用细铝棒组合而成的柔嫩的“树”。

瑞士馆的主张就是没有场馆。与建造“场馆”，也就是“建筑”相比，种一棵树要重要得多，必要得多，这就是瑞士馆所呼吁的。用细铝棒组合搭建而成的“树”与黑川那种大煞风景的舱体相比，也要优雅得多，美丽得多。有人身为建筑师却对建筑加以批判，这让我感到吃惊，同时也给了我勇气。

天渐渐黑了，会场也稍微凉快了一点，我进入了法国馆的咖啡厅。因为我没有勇气进入桌上铺着白色餐巾的西餐厅，所以才进了咖啡厅。排队后我拿到了塑料制的餐盘，其美丽程度让我叹为观止。一般的餐盘是把碟子放在餐盘上，而这里的餐盘则是在餐盘本身上就有各种凹槽，可以把自己喜欢的沙拉、肉、法式面包等放在凹槽里，这样就不需要额外的碟子了，一个餐盘就能满足所有需求，这种极简主义让我感动。汤匙、叉子、咖啡杯等在设计上也使用了和餐盘的凹槽同样的弧线，所有的餐具都在演奏着同一首轻快的旋律。

我感到小小的餐盘中包含着对于新生活的一种建议。正如瑞士馆宣告已经不需要建筑了那样，这个薄薄的、简洁的餐盘似乎在宣称，物品也可以不要了。我们一直以来接受的教育都是：拥有许多物品就是富裕。但物品多了之后，人反而会变得不自由，这就是法国馆餐盘的主张。豪华的碟子沉重无比，除了碍事，没其他用处，只要有一个小而轻的餐盘就足够了。比起被物质束缚、为了物质而活着，抛弃物质、悠闲散漫地生活要酷得多。在那个千里丘陵的夜晚，对于建筑和物质已经快要失去兴趣的我下了这样一个很大的决心。

能够下定这个决心，大阪世博会我就没有白去。虽然我对黑川纪章失望透顶，但因为瑞士馆的广场和法国馆的餐盘，我的建筑之梦得以延续下去。我抱着建筑很有意思、设计大有可为的想法，踏上了归途。

吉田健一与《欧洲的世纪末》

从大阪世博会回来之后，我邂逅了《欧洲的世纪末》这本书。如果让我从一辈子读过的书中挑一本最难忘的，我会毫不犹豫地选这本。该书作者吉田健一是建立了日本战后体制的吉田茂的儿子，曾在英国剑桥留学，是英国文学研究者、小说家。如果说他父亲是通过工业化和建筑化使日本富裕起来的最大推手，那么吉田健一就是他父亲的最佳批判者。他在书中表明，比起制造和拥有物品，反复使用和熟练使用物品才意味着真正的富裕。父亲是制造产品的人，儿子则是享受产品的人。丸谷才一说，吉田茂最大的功绩是建设了一个富裕、成熟的日本，创造出了可供吉田健一取材的文学土壤。也就是说，不是在伟大的吉田茂之后迎来了健一这样一个文化附属品，而是吉田茂为伟大的健一文学做了前期准备，这种大逆转式的评价太具有丸谷不走寻常路的特点了，很有意思。

在《欧洲的世纪末》一书中，吉田健一对两种欧洲进行了对比：一种是“制造”时期的欧洲，即通过工业革命和榨取殖民地财富而不顾后果地变得富裕起来的欧洲；另一种是其后到来的无聊、颓废的欧洲，即“世纪末”。一般来说，“世纪末”被理解为没有生产性的、颓废的、不健康的时代。但吉田健一反转了这一看法，他将“世纪末”理解为对物质主义、扩张主义的摆脱，并将其重新定义为“人重新发现了人”的最丰富、最美好的时代，从这个意义上来说，这也是最健康的时代。另外，吉田健一还看透了这样一点，即“世纪末”并非仅仅出现在19世纪末的欧洲，吉本（Edward Gibbon，1737—1794，英国历史学家）在《罗马帝国衰亡史》中描写的衰亡期的古罗马也有过这种时期，约翰·赫伊津哈（Johan Huizinga，1872—1945，荷兰历史学家）的《中世纪的秋天》中也出现过，在中国和日本也都曾反复出现过，这是一种普遍的现象，也是一种精神的存在方式。书中说，东晋书法家王羲之（公元307—361，被称为书圣）在和朋友一起酩酊大醉时写下的《兰亭序》也好，《源氏物语》中高雅的男女关系也好，千利休怀着对以丰臣秀吉为代表的暴发户的批判意识而创造的拙朴古雅的美学也好，都是世纪末精神的体现。

我那时正对经济高速增长期的日本的价值观抱有疑问，并在苦苦寻找能够替代“1964年”的价值观，读了《欧洲的世纪末》之后，有茅塞顿开之感。我觉得，在1970年世博会上经历了失望、沮丧之后，自己一直想寻找的东西就在这里！吉田健一以及他所描写的王尔德、兰波等世纪末的艺术家取代了黑川纪章，成为我心目中新的英雄。

石油危机与卫生纸

我考大学时志愿填的是工学院。不是我想学工学，而是建筑系正好隶属于工学院。在美国和欧洲，建筑系原则上不会隶属于工学院。建筑是一个更接近艺术而不是工学的领域，在绝大多数情况下，和医学院一样，会有一个独立的建筑学院。但是，在日本，明治以来的富国强兵政策尚有残留，建筑是为了让国家变得更强、更富裕的工具，如今仍被看作工学的一部分。

通过高考进入工学院之后，在大二时，有一次分流，就是分到工学院下面的某一个系去。我是1973年考入大学的，当时建筑系是工学院中最热门的系，想分流到建筑系的人远远超出了规定名额，只有成绩排在前面的人才能进入建筑系。1970年大阪世博会的余波未消，建筑业非常景气，大家都相信前方是光明的未来。

然而，在我刚进入大学后不久的1973年秋天，日本发生了石油危机，经济形势突然恶化。不知为何，卫生纸从超市消失了，只有大学的小卖部还在卖，我记得当时我母亲让我一次性买了一堆卫生纸。我感觉世界来了个180度的大转弯，周围的气氛也发生了变化。建筑业受到了经济形势恶化的正面冲击。建筑原本应该是时代宠儿，建筑业则是以工业化、建筑化为目标而一路狂奔的战后日本的领头羊产业，但是却有人开始指出，建筑业是落后于时代的没用的产业。我们一下子陷入孤立无援的境地。我的朋友中有人为了取得高分，留级了好几次，一心想进建筑系。我们为了建筑如此努力奋斗，但是价值观却突然变了，建筑被孤立，我们一直坚信不疑的大地上出现了一个大洞。

在东大建筑系的漫长历史中，我们这一届在高考中的平均分是最高的。本来应该是向着建筑这一梦想的最高潮迈进，但是突然在地面上出现了一个大洞，这就是我们这个年级。原本应该是时代宠儿的建筑此后一路沉沦，考入建筑系所需的分数一直在下降。

但是，我却没有感到丝毫的惊讶和沮丧。因为我早就注意到，建筑不可能是时代的引擎。尽管如此，我还是认为建筑很有趣，值得为之奉献一生。

然而，说实在的，当时我完全不知道应该造些什么样的建筑才好。不过我知道肯定不是丹下那样的，也不是黑川那样的，当然，也不是柯布西耶和密斯那样的。

当我看到跟我一起进入建筑系的同学们仍然对上面这些过去的建筑师表示崇敬时，我感到很愕然。我想对他们说："建筑"早就完了，事到如今你们还在说什么糊涂话呢。不过，我自己也不知道应该建造什么东西，也不知道什么样的设计是适合将要到来的新时代的，我只是觉得不满和不安，想对所有的东西发脾气。

原广司与村落调查

在这种苦闷的状况中，唯一能让我产生共鸣的是原广司（生于1936年）这位建筑师。他被看作与时代逆向而行的古怪建筑师。当时他不怎么设计建筑作品，而是默默地持续进行着村落调查。他所调查的村落并不是日本的村落，而是世界上边远地区的村落，比如中东、南美、印度等地的村落，他遍访这些村落，想要从中发现未来建筑的理想形态，这就是他的基本立场。真是一位似乎净在做梦的奇怪的建筑师。

在原广司之前也有人曾经关注过村落。建筑摄影家二川幸夫把他四处拍摄的日本村落的黑白照片汇集起来，于1963年出版了名为《民宅的生命力》的摄影集。摄影集中的文章是由建筑史学者伊藤郑尔写的。长期患有结核病、刚摆脱病魔回到工作中的伊藤在"1964年"之前不久写的《民宅论》看上去像是对丹下建筑主导的经济高速增长期的日本的强力反击。

但是，在石油危机后的混乱中烦恼的我没能从日本的民宅中发现希望。1963年的时候也许日本民宅看起来是耀眼夺目的，但是用20世纪70年代的眼光去看的话，它已经充满了怀旧和复古主义，是一种倒退的事物。简而言之，看上去有一股陈腐气。

另一方面，原广司对日本的民宅是不屑一顾的，他是一个与怀旧无缘的人。不过，他也完全没有投入西欧的怀抱。他开着丰田越野车在世界各地荒野旅行的身影令我向往。他时不时会设计一些小型住宅，他自己的住宅（1974年）有一种不可思议的昏暗，就像我大仓山的家一样。当时设计那种昏暗建筑的只有原广司一个人。他既不支持工业化社会，也不支持日本的民宅，而是一边在边境旅行，一边享受着逆境。

当时，原广司的研究室设在位于六本木边缘地带的生产技术研究所，这里与本乡的东大不同，有一种自由的感觉。我无论如何都想在他手下学习，更想和他一起去荒野旅行，在世界尽头漫步。

当我说要去原广司的研究室时，同学们都一脸惊诧。他们说："调查村落这种东西，有什么用呢？"我完全不知道有什么用，能有什么成果，或者说我很肯定这件事没什么用。我只要能去荒野旅行就足够了。

1977年春天，我进入了位于六本木的生产技术研究所的原广司研究室，但原广司没有教我任何东西，他也不打算给我们授课或者跟我们一起研讨，所以我只好放弃了他能教会我一些东西的期待。东西是没学到，但有一天，我们突然被召集到了一个施工现场。那是原广司设计的千叶县一座山里的小型住宅施工现场，因为工程难度太大，预算太少，施工单位逃走了。于是原广司研究室的学生被召集到了一起。原广司宣布：大家要齐心协力继续施工，无论如何都要完成这处住宅。当然，因为这是研究室的活动，不会有报酬。如果这件事放在今天，原广司应该会被称为令人震惊的黑心教授，东大也会被看作黑心大学吧。也许网上会一片骂声，周刊杂志也会竞相报道。但是，当时我下定了决心，既然是自己的偶像原广司老师让我们这么做，那就只能做了。

对我来说，这并非首次经历现场施工。我以前曾多次和父亲一起改造过大仓山的破旧房屋，自己涂过油漆，也贴过天花板和木地板。但千叶的施工现场的难度级别要高得多。我们每天早上6点就被喊醒，天黑之后就开灯，一直干到半夜12点。混凝土是手动搅拌的，因为没有混凝土搅拌车，所以我们只好开着小型卡车去买水泥、沙子和小石子，然后用铁锹来搅拌。我们深切地体会到施工是一件多么辛苦的事。与之相比，熬夜画图纸这种事情简直让人觉得如同身在天堂一般轻松。

尽管我们被逼着每天从早上一直工作到半夜，却没有一个人有怨言，因为原广司老师自己是工作得最勤奋的那一个。身材矮小的他弓着身子，匍匐在地上工作着。一边嘴里唱着什么，一边工作到半夜。那处住宅虽然不大，但他的设计独特得令人吃惊，我之前从未见过，所以施工单位看到这种施工难度后才会惊慌失措，溜之大吉。我们觉得，为了实现这个超现实的、破天荒的梦想，只要能够稍微有点贡献，就是无上的幸福。所以大家都一言不发，默默地一直工作到半夜，然后倒头酣睡。

撒哈拉之旅

在想方设法完成了千叶山中的住宅之后，我们又无所事事了。于是我们对原广司老师提出，是不是该去旅行了。此前，原广司研究室进行过四次村落调查。第一次去了地中海，第二次去了中南美洲，第三次从东欧到中东，第四次去了伊拉克、印度和尼泊尔。我大胆提议说，去撒哈拉沙漠吧。因为我一直很向往吉田健一在《欧洲的世纪末》中提到的阿尔蒂尔·兰波（Arthur Rimbaud，1854—1891）的旅行。兰波是一位诗人，有一天他突然放弃了写诗，去当了沙漠中的商人，到了1891年，他因患恶性肿瘤倒下，被抬到马赛的圣胎医院后去世，享年37岁。我当时向往这样的人生。正因为他写了那么多诗，有足够的感性和柔韧性，所以才会受到游牧民族的仰慕和爱戴。他在沙漠里四处奔走，尽情体验了沙漠风情。但是，原广司老师的反应却很让我沮丧。

“再怎么说，非洲也不行吧。文化人类学的调查队好像死了不少学生噢。没有其他安全一点的地方吗？”

于是我暂时收回了我的提议，决定做一番关于非洲的调查。我去见了各种非洲专家，与他们的交谈让我感觉到撒哈拉沙漠周边的村落是最有魅力的，也就是被称为热带稀树草原（savanna）的草原地带的村落。我又想起了初中时爱读的民族学家梅棹忠夫的《稀树草原的记录》（1965年），这让我觉得我必须直接接触与日本社会形成鲜明对照的热带稀树草原的生活。我梦想着和兰波一样，与沙漠民众成为朋友。

有人说，兰波放弃诗歌，成了沙漠旅人，由此而活在了真正的诗歌中。我的愿望是，和他一样，与真实的沙漠发生接触，以此来考验自己。我找到了国外出版的描写那些村落的书籍，书中登载的照片令人惊奇，仿佛是另外一个行星。

撒哈拉沙漠里虽然没有路，但是在地中海与象牙海岸之间有一条给运输物资的卡车用的类似于路的东西。在沙漠中，人们把小石头堆积在一起作为路标，这些由星星点点的石头堆连成的就是所谓的路。从巴黎到塞内加尔首都达喀尔有一项重要赛事叫作巴黎—达喀尔拉力赛，在沙漠中行驶的样子看上去很爽。关于安全性，虽然言人人殊，但我觉得我们要做的和拉力赛差不多，所以应该能想办法解决。

要想说服别人，就需要把计划制订得尽可能具体，让对方看到我方的决心和干劲。这种方法如今也在支撑着我的日常生活，使我能够完成手头的项目。我计划的路线是：从地中海沿岸的港口阿尔及尔笔直地南下，越过阿特拉斯山脉后，进入撒哈拉沙漠（见图24）。要想纵穿无法住人、没有村落的沙漠，需要花费几日的时间，但只要准备好装载有足够汽油、食物和水的车辆就行了。不过，车必须两辆一组，不然拿不到沙漠的通行许可证。因为如果只租一辆车开进沙漠，中途发生故障的话，就只有死路一条。在我做了上述细致、具体的说明之后，原广司老师终于点头了："好，我们去撒哈拉吧。"

1978年12月，我们的旅程从西班牙的巴塞罗那开始了。因为会刮一种被称为西洛哥风的强劲南风，所以来自日本的船只无法在阿尔及尔靠岸。我们把两辆增设了油箱，并用厚厚的铝箔覆盖了车辆底盘的四轮驱动车从日本运到了巴塞罗那的港口。然后开车从巴塞罗那到了马赛，再从马赛坐轮渡前往阿尔及尔。轮船被西洛哥风吹得激烈地摇晃，我们和季节工在船底挤在一起睡觉。在响彻整个轮船的阿拉伯音乐和异样的香料气味中，我晕船晕得很厉害。地中海是昏暗的，难闻的。

我们从阿尔及尔港南下后，首先调查了姆扎卜河谷（M' Zab Valley）的七个村落。据说这七个村落是因为宗教上的争端而从埃及逃走的人们在沙漠中建立的。其中最美的是盖尔达耶城（Ghardaia，见图25），整座城就像是用白色方糖堆积起来的人工山丘一样。在山丘的顶部，高耸着清真寺的尖塔。传说建城时的设计就是要让城中所有的住户都能看见这座尖塔。

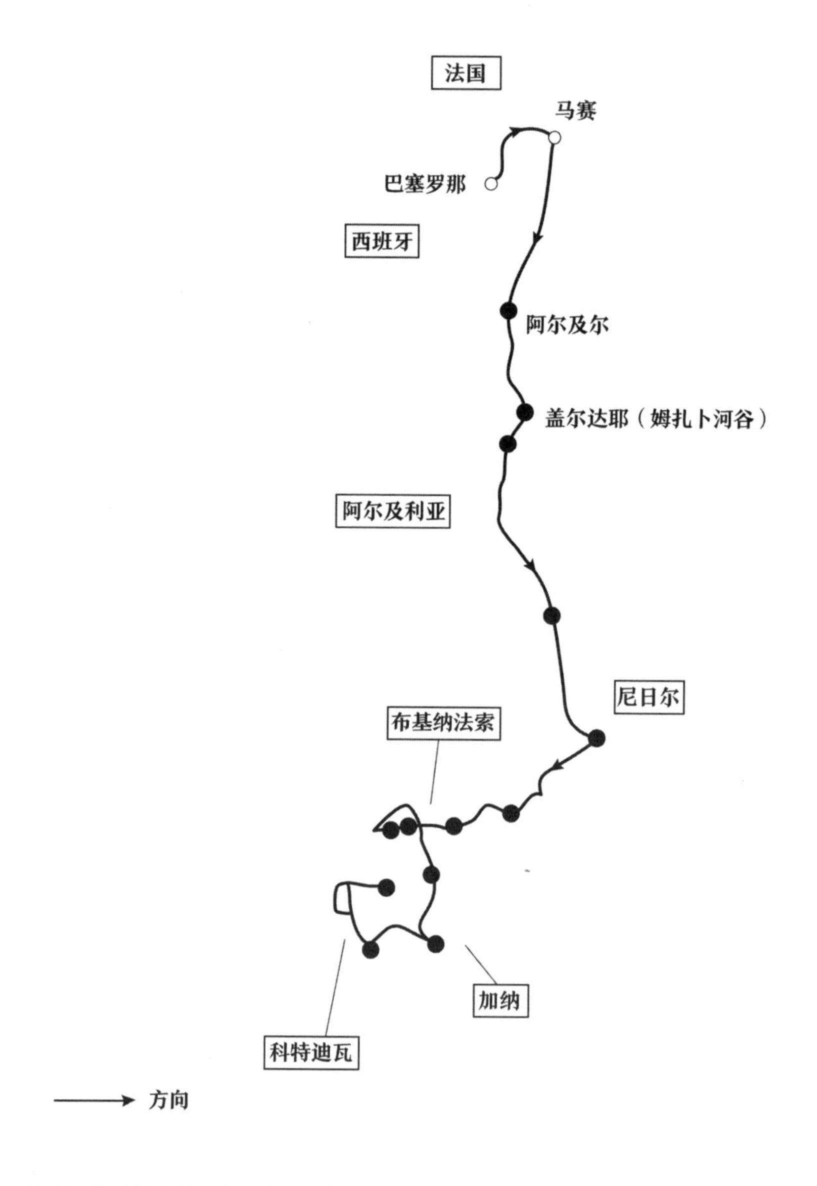

图24　撒哈拉之旅的行程（图为中文版原创）

图25-1 阿尔及利亚的盖尔达耶城

图25-2　阿尔及利亚的盖尔达耶城

原广司老师告诉我，柯布西耶好像说过他从盖尔达耶学会了一切，但是我后来翻遍了柯布西耶的著作集，也没有找到这句话。不过，大部分具有柯布西耶特征的建筑语言确实都可以在盖尔达耶找到。比如用来驱除恶魔的“手掌形状”被画在盖尔达耶每家每户的门上。而柯布西耶也把“掌形”用于建筑，在印度昌迪加尔（Chandigarh），他把“掌形”用在了纪念碑上。另外，被称为滴水兽（gargoyle）的从墙壁上凸起的大型导水管也是盖尔达耶和柯布西耶的共同点。

虽然没有发现柯布西耶访问盖尔达耶的记录，但他从“南方”之旅中学到和发现了很多东西，他自己也因为“南方”之旅而发生了蜕变，这是毫无疑问的。柯布西耶特别喜欢阿尔及利亚，也爱阿尔及利亚丰满肉感的女性，留下了数量众多的裸女素描。柯布西耶出生于冬天会被大雪掩埋的瑞士山村，很向往“南方”，并通过“南方”之旅改变了他自己。他早期的建筑是冷淡的、无机的，但是在多次前往“南方”旅行之后，他改变了自己，也改变了建筑史的走向。他把原本服务于工业化社会的均质、无机的建筑史转变成了更自由、更具有触觉性的东西。柯布西耶晚年的夏天在法国南部的卡普马丹（Cap-Martin）的乡间小别墅度过。他77岁的生命是在小别墅前游泳时结束的。

如今回首往事，可以说“南方”之旅、撒哈拉之旅拯救了我、改变了我。

过了姆扎卜河谷，就开始进入真正的荒野了。我常常一大早就被叫醒去开车。我们并没有事先确定访问哪个村落，因为那里的村落都很小，在地图上几乎都找不到，所以无法事先制订计划。而我们恰恰只对那种小村落有兴趣。

村落调查有其独特的节奏。

开了一段时间的车之后，前方出现了像是村落的东西。撒哈拉村落的建造方式是：把当地的泥土掺水搅拌后，在太阳底下晒干，形成土坯砖（adobe），然后用砖块来搭建村落。因此，村落完全同化在周边风景中，以红色土块的形态出现在了车辆前方。对我来说，介于人工和自然之间的稀树草原的村落给了我很多启发。我的建筑理想不是把人造物与自然进行对比，而是让人造物能够尽可能接近自然。我放慢车速，如果前方的土块明显是一个村落，又能让我产生“某种”感觉的话，我就会扭转方向盘，把车驶离此前行驶的干线道路，冲入村子里去。

那种鲁莽的行为真的可以叫作“冲入”。车顶上顶着备用油箱、外形可怕的车辆突然就直接开到了一个陌生的村落里。（见图26）

其实我们并没有事先获得调查村落的许可。就算我们获得了有关村落的情报，并向有关国家申请调查许可，也不知道要过多久才能拿到许可，甚至连最终能否拿到许可都不清楚。所以，原广司研究室的做法是：直接冲入村落里去看看。

图26　在撒哈拉的合影。左起为藤井明、佐藤洁人、隈研吾、竹山圣、原广司。
摄影者：山中知彦

撒哈拉的孩子

我们用这种方法冲入村落里之后，并没有人朝我们开枪或者扔石块，这只能说我们运气好。不过，我们也有自己的战术，那就是买一大堆圆珠笔并藏在口袋里。

陌生的村落里住着什么样的人，他们脾气如何，信什么宗教，这些我们都不清楚，所以当然会战战兢兢。但是，对方应该也一样——没怎么见过的车辆直接开进了村里，还有穿一身破烂衣服的东洋人不断在靠近。

我们能感受到从小屋的窗子里以及从兽皮编成的篱笆的缝隙里射来的强烈视线。但是，没有人出来，他们只是在静静地观察我们。

最先出来的是孩子们。在小屋外玩耍的孩子们靠了过来，问了我们一些问题。当然，我们听不懂他们在说什么。我们只是笑眯眯地把口袋里的圆珠笔递给他们。如果他们“哇”的一声欢呼起来的话，那就太棒了。接着就会不断有孩子聚拢过来，我们塞在口袋里的圆珠笔很快就发完了。广场那边会响起孩子的声音，好像在说“没有多的了吗”？因为我们跟孩子们相处得不错，所以大人们也开始觉得我们也许不是坏人。于是，一个又一个大人向我们靠拢来。我们看准时机，用法语问他们：“能不能到你家里看看？”撒哈拉周边有很多地方以前是法国殖民地，不过他们很少能听懂法语。我们一边手舞足蹈地表达着“想去你家看看”的心情，一边不断深入村子内部，最后进入他们家里。有时候他们会阻止我们，说“不行”，但是，除非他们非常坚决地拒绝我们，否则我们都会不停往前走，略带粗暴地进入他们家里，这就是原广司研究室的作风。

当然，我们没有被杀或者受伤只能说是运气好，不过，我们有一种毫无根据的自信，觉得我们应该不会有事。如果允许我说得稍微夸张一点的话，那就是我们确信人和人之间一定有一些东西是可以共享的。正因为相信有东西可以共享，我们才会来到这么远的地方调查村落。我们想在村落中发现暗藏的创意和隐藏的智慧。这些创意和智慧也许在我以后设计建筑时能够用上，能够帮助我。

我们进入村民家里后，开始测量房屋尺寸。测量时使用的是卷尺，因此需要有人帮忙拿着卷尺的一端。这时，又是孩子们伸出了援手。他们一边“哇哇”地喧闹着，一边拿着卷尺，协助我们调查。

调查一个村落要花两到三个小时。平均进度大概是上午一个，下午一个。在两个月的旅行中，我们调查了100个左右的村落，并绘制了图纸。这一切都是托那些孩子的福。

我继续进行村落调查

我在东京站的画廊开了名为“隈之物”的个展（2018年3～5月），展示了很多我设计的作品的模型和材料样本。我把分散在世界各地的我的施工现场所用的多种多样的当地材料摆在了一起，各种石头、木头和纸汇集在一起，连我自己都吓了一跳。原广司老师也来看我的个展，他嘀咕了一句，“原来隈在那之后也一直在做村落调查啊”。

他这么一说，我觉得好像确实如此。即使是现在，我也一直是按照那时村落调查的节奏来工作的。一大早就开车赶路，到了施工现场后就四处巡视，结束后又开车赶往另一处施工现场。一直重复这个过程直到天黑得什么都看不见为止，然后倒头就睡。以前村落调查的时候，是在沙子上搭起帐篷，然后睡在睡袋里，现在则基本上能在床上睡觉了，就只有这点差别。

另外，去陌生的地方见陌生人这一点也跟村落调查类似。设计工作的委托基本上都是通过邮件发给我的，而且是突然发过来的。从陌生地方的陌生人那里会发来邮件，如果这个地方我从未去过，基本上我都会接下这份工作，因为我想去那里看看。由于是陌生的地方，不知道会有什么危险在等着我，也许对方叫我去是想骗我。

但是，我总是先去了再说。即使是陌生的地方，陌生的人，也一定有一些东西是可以跟我共享的，我有这种自信和信念。这种做法是我在撒哈拉的村落调查中学到的。因为去过了撒哈拉，我什么都不怕，去哪里都不怕。我觉得我的工作就是把可以跟各个地方、各地人共享的某些东西变成具体的建筑形态。我觉得这就是上天赋予我这个人的使命。

因为地方不同，遇见的人不同，所以我的作品自然也就各不相同。所谓工业，就是反复制造同样的东西，不这样的话就没有利润。而我则想通过建筑来证明，所有的地方都是各具特色的，所有的人都是各不相同的。

我从撒哈拉学到了很多东西，最有意思的是那里的建筑单位很小。他们的家的单位不是一座房屋，而是很多小屋集合在一起，构成一个松散群落，这个松散群落就是家。非洲这种松散的住房形态被文化人类学家称为“户”（compound）（见图27）。他们的家庭基本上都是一夫多妻制，每间小屋里都住着一位妻子和这位妻子所生的孩子们。丈夫没有自己的小屋，只能轮流住在各位妻子的小屋里。各间小屋门前都有泥土做的炉灶，到了傍晚，每间小屋前面就开始添柴烧饭了。丈夫选择一间小屋，换言之就是选择一种饭菜，然后跟做出这种饭菜的妻子和她的孩子们一起吃饭。炉灶在户外，吃饭也在户外。吃完之后，就进入这位妻子的小屋，跟她和孩子们一起睡觉。在哪家吃饭就在哪家睡觉，这是规矩，当晚必须为这位妻子尽忠。

产生自这种生活形态的名为“户”的“松散的家”真是讨人喜欢，也很恬静。作为单位的小屋很小，是用泥土、树枝和草搭建而

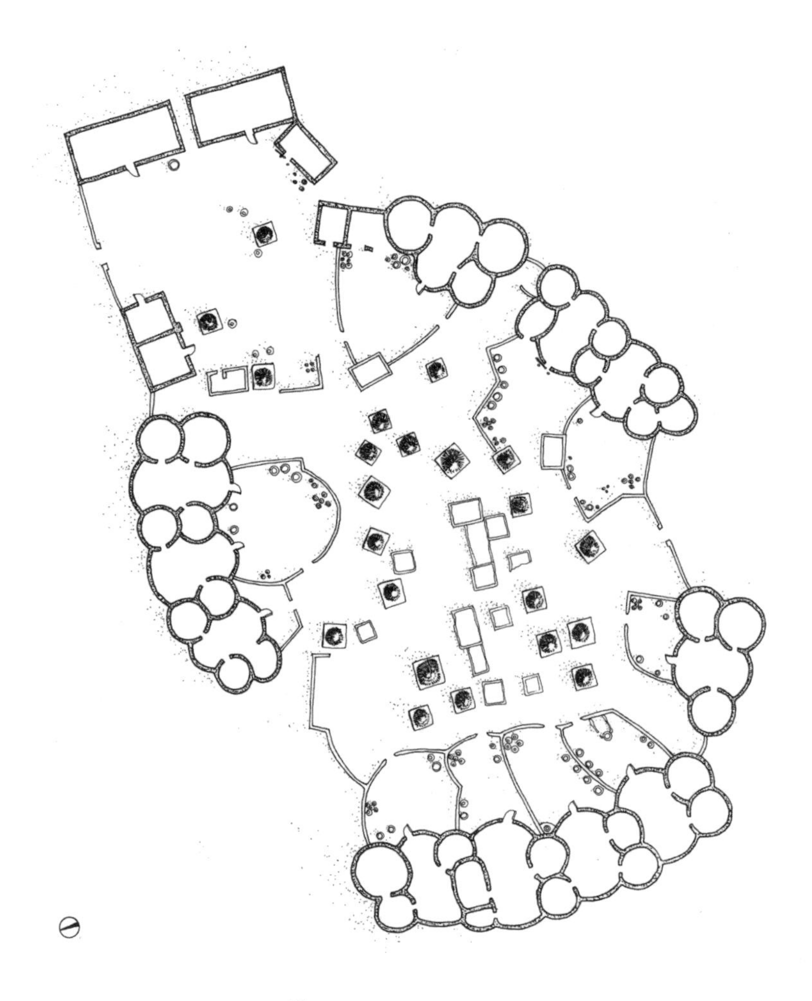

图27　村落之一——特纳德[1]的户。（转引自《村落之旅》，原广司著，岩波新书）

[1] 特纳德：地名，位于西非的布基纳法索。

成的，因此，可以毫无违和感地与周边风景融为一体。因为在野外的生活和活动很重要，所以小屋和小屋之间有很多空间可以供人们活动，这就使得整体上的一种分散感，令人感到舒畅。

离散型住宅

原广司老师将撒哈拉的这种建筑样式命名为离散型。离散型这个名字也许听上去好像是凭感觉取的，但实际上是一个严密的数学概念。原广司老师试图用数学这一科学工具去分析村落那样的充满乡土气息的对象。这种方法与给20世纪后半叶的世界观和哲学带来巨大影响的文化人类学家克洛德·列维-斯特劳斯（Claude Levi-Strauss，1908—2009）的方法极其类似。以《忧郁的热带》（1955年）一举成名的克洛德·列维-斯特劳斯被“南方”所吸引，一直在调查村落。他也曾将群论等数学方法作为武器去分析“南方”。他试图通过使用数学方法把“南方”和“北方”重新放置在同一个坐标中，以此来重新审视世界。他的数学使世界开始逐渐呈现出完全不同的样貌。我们经常把数学系的朋友请到研究室来，一起讨论数学与村落的关系。正因为有了数学，我们才没有沉溺在村落中，才得以把世界上的各种村落放在同一个坐标中加以比较。如果没有数学，村落调查大概会沦为单纯的怀旧之旅吧。

克洛德·列维-斯特劳斯早就注意到了这种危险。

从数学的角度来说，离散的反义词是聚集。我们当时认为日本社会就是聚集型的，让人很不舒服。所谓聚集型社会，就是政府向东，大家就会跟着向东的社会。在日本社会中，每个人看上去好像都不一样，但实际上大家是一整块的；相反，人和人之间留有空隙，每个人都按照自己的意志朝向不同的方向、思考不同的问题，这种社会就是离散型社会。把这种社会的存在方式翻译成建筑，就是离散型建筑。

如果搭建的建筑是充满空隙的、松散的，那么人际关系应该也会随之变成离散型吧。日落后，我们围着篝火就这样如痴人说梦般聊着天。沙漠的夜晚会突然变凉，所以需要篝火。原广司老师在进了睡袋后也会时不时起来添柴。他总是不停地嘀咕说：火不能灭，火灭了就会有动物过来。据说这是他从约瑟夫·鲁德亚德·吉卜林（Joseph Rudyard Kipling）的《丛林之书》中学到的。

从撒哈拉归来

撒哈拉之旅如同梦境。我们遇见了梦中才会出现的不可思议的村落，遇见了梦幻般善良、热情的孩子们；同时，在梦中还学到了很多关于世界和建筑的知识。来撒哈拉之前和之后的世界看上去完全是两样的，我对建筑的看法也完全改变了。在大阪世博会上对建筑感到失望之后的苦闷忧郁的心情像撒哈拉的蓝天一样完全放晴了。

但是，事情并没有简单到我立刻就会画新的建筑图纸了。建筑非一日之功。此后，我还要进一步经历各种磨炼，跨越各种辅助线。

1月，我从炎热的撒哈拉回到了寒冷的东京，必须在一个月内写好硕士论文提交给学校。我选择的论文题目是《住房集群与植被》，想写超越建筑这一狭小框架的论文。我想终结设计时只看建筑，只考虑建筑布局和形态的时代。我觉得应该让建筑及其周边的植物联动起来，创造出一种和谐、顺畅的环境。我论文的大意就是建筑应该像撒哈拉周边草原地带的村落一样，寻求人类与植物能和谐共处的一种理想状态。

我的志向很高远，题目本身也不坏。但是，与我设定的目标高度相比，当时的我太过幼稚，既无知识，也无经验，要想阐述融建筑与植物于一体的理论，还为时尚早。写出来的论文非常糟糕，但好歹还是毕业了。

当我在设计事务所就职、开始实际的设计工作后，进一步认识到了自己的幼稚和无能。虽然在撒哈拉获得了新型建筑的朦胧形象，但我不清楚在现实社会与撒哈拉的理想之间如何折中。

从撒哈拉回到日本是在1980年。从这一年一直到1991年泡沫经济崩溃为止的10年，可以说是战后日本体系的最终阶段。依赖建筑这一引擎维持着经济高速发展的战后日本体系在1970年迎来了拐点，出现了一大转折。那一年，身为高中生的我在大阪世博会的会场中四处游走，排长队排得筋疲力尽，同时对设计得令人脸红的场馆感到失望。就是在这一年，战后体系开始崩塌。从1970年开始，很多统计指标开始反转。人口增长曲线开始反转，出现了少子高龄化的征兆；以制造业为中心的经济开始蒙上阴影，而一直被看作非主流产业的服务业开始出现新动态。1970年就是这样一个年份。

为了维持开始崩塌的体系，政府不断强行采取各种不尽合理的措施。这是体系末期经常会发生的现象。公共投资不断增加，因为制造业已经开始出现阴影了，所以对于建筑业的依赖越发强烈，毫无必要的公共建筑泛滥成灾。保守党的政治家们在拼命挣扎，他们试图通过将利益引导到他们家乡来勉力维持战后体系。政府和经济界都在拼命引导大家投资土地和楼房，以造成一种经济仍在继续增长的假象。其背后的原理就是：如果土地和楼房涨价了，建筑业也就能获得巨额利润。这也可以说是从以产业资本为引擎的社会向以金融资本为引擎的社会的转变，不过，因为流动性越来越大的资金都流向了建筑，所以战后日本的基本结构并没有发生变化。为了维持战后体制，政府竟然不惜做到这一步，其结果就是泡沫经济。

3

1985——广场协议

“建筑这种东西，是在从画设计图纸到施工结束的几年时间里，与有关人员一起奔波、搭建、聊天的结果。或者与其说是结果，不如说这个过程、这几年的时间本身就是建筑。”

3 | 1985——广场协议

再见了，武士！

我感觉当时的建筑业界就像是江户时代的武士社会。战国时代的社会确实需要武士，凭借武士的力量、武士的暴力，中世[1]的日本才得以蜕变成了近世[2]的日本。

可是随着和平的江户时代的到来，社会已经不再需要武士了。不过，江户幕府仍然尊重曾经立下汗马功劳的武士，保留了他们的特权。武士被置于士农工商这一身份等级制度的最上层，一直耀武扬威。日本社会始终是一个温情社会，以往的功劳和特权会一直得到尊重和保护。

然后，发现社会已经不再需要自己的人们就会进一步强化其伦

[1] 中世：日本历史的一个时期，具体而言，是指镰仓时代（1180—1333）和室町时代（1336—1573）。

[2] 近世：日本历史的一个时期，具体而言，是指安土桃时代（1568—1600）和江户时代（1603—1867）。

理和审美观，以此来宣扬自己的存在价值。自古以来，每当时代发生转换时，前一个时代的精英拼命想要继续存活，人们就会不断重复这样的行为。江户时代的武士正是如此，他们将武士道过激化，试图证明自己存在的正当性。战国时代的武士是现实的，比起伦理和审美观来，他们更看重的是在明天的战斗中获胜。但是，到了江户时代，事情发生了颠倒。

被称为江户时代武士道终极教科书的《叶隐》是深入探究武士伦理和美学的“武士的遗书”。其结论是“武士道即看透死亡”。江户时代的武士的最终目标不是在眼前的战斗中获胜，而是为伦理和美殉葬。众所周知，三岛由纪夫（1925—1970）很爱读《叶隐》，自少年时代起，在长达20多年的时间里一直将该书放在手边，一有空就重读。三岛把他对《叶隐》的想法写在了《叶隐入门》（1967年，光文社）这本评论书籍中，该书出版三年后的1970年，也就是大阪世博会的举办之年，他闯入市谷的自卫队自杀，达成了武士的美学和伦理。1970年正是战后开始反转之年。那时已经不需要修建各类工程，也就是进入了不需要战争的和平时代，这一年象征着实践性的武士向为美学殉葬的《叶隐》式武士转变。

20世纪80年代的建筑界很像失去了战场的武士。二战后的日本确实需要建筑。为了赶上西欧国家，日本需要搭建大量的建筑，铺设高速铁路，修建长长的公路。到了1970年的大阪世博会，这一目标基本实现了。战场没有了，像江户时代那样的和平时代来临了。即便如此，正如江户幕府仍然是武士政权那样，即使过了1970年，战后日本的政治和经济依然以建筑为主导，必须继续搭建建筑，即使毫无必要的东西也必须大量搭建。这种不合理的现象一再上演，结果导致了80年代的泡沫经济。所谓泡沫经济，就是土地价格毫无根据地上涨到了不合常理的程度这一现象。土地并不是按照其自身逻辑来涨价，而是迫于其上方不断搭建建筑这一压力，毫无根据地暴涨。

我所加入的80年代的建筑界从各种意义上说，都是一个被武士道统治的、封闭的、令人窒息的世界。

1970年之后，建筑业的世界发生了武士道式的进化，也就是开始一味向《叶隐》式的完美美学和严格的伦理倾斜。以赶上欧美建筑业的技术和质量为目标而全速奔跑的日本建筑业界成功完成了1964年东京奥运会和1970年大阪世博会这两项国家事业，基本实现了目标。虽然大阪世博会让我很扫兴，但标新立异的场馆建筑吸引了6400万观众，据说在当时是世博会史上最多的观众人数。

此后的建筑业界继续追求建筑质量的提高，日本的建筑质量被称赞为世界最高水平。例如，质量如同日本刀一般的混凝土成为现实，其精细程度令人吃惊，表面光滑发亮。在房屋的内部装修中，也追求以毫米为单位的精密度，其目标是“踢脚线和地板之间的缝隙只有一张名片的厚度”（所谓踢脚线，是指放置在地板和墙壁交界处的建筑材料）。需要建筑拥有这种高得不正常的精密度的国家只有日本。泡沫经济时代被邀请到日本工作的国外建筑师们看到自己的图纸以在他们国家绝对不可能实现的精密度变为现实中的建筑，既感到惊愕，又非常高兴。全世界的建筑师们都在悄声谈论，“日本是一个梦幻般的国度”“我想再去日本工作”。

以如此高的精密度来建造房屋，其成本当然会上涨。但是，因为没有来自国外的廉价建筑公司，所以无论建筑单价有多高，都没有必要担心。日本有各种参与壁垒，实际上国外的建筑公司无法在日本接到工作。无论成本有多高，日本的建筑公司都不需要有丝毫担心。

如果没有国外公司参与，那国内有限的几家建筑公司之间就可以通过私下商议来决定价格。不管有没有实际进行私下商议，反正高价格得到了维持，因此，建筑业界还是稳如泰山，武士们只要专注于磨他们的日本刀就行了。

建筑师也武士化了

不仅建筑业界发生了这种武士道化、《叶隐》化，就连原本应该自由的建筑设计、建筑师的世界也开始踏上了武士道化、《叶隐》化的道路。建筑业界追求精密度，与此相应，设计师们也开始追求精密度，不断提高空间的抽象性。人们认为越简单、越抽象就越美，就越符合伦理，而那些听从客户的要求，设计出具有各种装饰和附属物的建筑的人则被认为是不符合伦理的，“充满铜臭味的”，不纯洁的，从而要低一个等级。“白色空间”（whitecube）一词也应运而生，抽象的、没有杂物的白色空间不仅在博物馆和美术馆，甚至在住宅中也被看作理想的空间。

建筑设计师的世界被这种价值观和伦理彻底占领了。位于武士世界之外的普通人虽然会发牢骚说“建筑师完全不听我们的”“只是在墙上贴个海报也会被骂”。但因为所有的建筑师都被武士附体了，所以委托谁来设计都一样。在没有外部势力参与的私下商议的世界中，建筑师的美学也开始变得极端起来。

在前面提到的《十宅论》一书中，作为日本流行的10种建筑风格之一，我创造了“建筑师派”一词。我把武士道化了的建筑师们信奉的抽象度高、厌恶杂物的风格与其他通俗的建筑风格同等对待，以对其加以嘲讽而后快，想借此来批判建筑设计界的武士道化。

为了实现武士道，我们被要求勤奋工作，熬夜被看作美德。凭借这种武士道体系，日本建筑设计的水平达到了据称是世界最高的水平。正如建筑业界搭建出了世界最高质量的建筑一样，在建筑设计领域，日本也站到了世界之巅。这与实际的社会需求，与人们的生活都没有关系，而是日本的建筑设计把武士的美学发扬到了极致，从而获得了世界的瞩目。

在我看来，80年代建筑设计的冠军安藤忠雄（生于1941年）也是武士道的冠军。安藤用日本刀一般完美的精密度建造了混凝土建筑，从而成为武士道的冠军。凡是妨碍日本刀之美的杂物都被彻底排除了。为了达到完美的精密度，可以允许有暴力行为，这一点也具有武士特色。安藤曾经当过拳击手，以殴打事务所员工而闻名。据说，有时他不仅殴打自己的员工，甚至还会打建筑公司的职员。不管出于什么原因，我觉得允许打人简直是岂有此理。通过打人来实现美妙的混凝土建筑被传为美谈，这样的日本建筑界让我感到窒息和恶心。我觉得我在这种地方已经待不下去了，于是，在1985年，我逃到了纽约。因为我觉得纽约是与封闭的、令人窒息的武士道日本完全相反的地方，因为这里离武士最远，令人感到自由。

纽约与广场协议

1985年的纽约正在迎来一个特别的时间。我是在炎热的8月抵达纽约的，到了之后，发现警察在位于第59街的广场饭店周围设置了路障，气氛有些异样。原来，五个发达国家的首脑正在广场饭店碰头，准备签订广场协议。一个消除了经济的国界，货币可以在全球自由流通的世界即将诞生。光靠老老实实制造产品的产业资本主义已经无法转动臃肿化的世界了。广场饭店里的首脑们正在做出一个重大的决断，试图凭借以跨越国境自由流通的货币为主角的金融资本主义，来继续转动世界，而我偶然在这个时间节点来到了纽约。

我从位于上西区的哥伦比亚大学获得了客座研究员的职位，这个职位没有任何义务，非常自由，然后我就开始在纽约的大街小巷闲逛起来。我告别了武士，邂逅了一个肮脏、危险、自由的世界。

纽约最有意思的是1929年经济危机发生之前建造起来的一群建筑，这群建筑通常被称为装饰艺术风格（Art Déco）建筑。克莱斯勒大厦（1930年，见图28）和帝国大厦是这种建筑的代表，它们正是经济危机之前的泡沫经济的产物。快要发生经济危机的时候，房地产价格疯涨，奔放型设计的建筑受到欢迎，建筑师和开发商都兴高采烈，忘乎所以。同样的泡沫后来再次发生，并在1987年10月19日的黑色星期一那天突然终结，这很有意思，也让人感到很痛快。日本的泡沫也快破灭了吧。我感觉一切都将马上结束，新的时代肯定会到来。后来我又重访了装饰艺术风格建筑，陶醉于那种自由奔放的风格。

图28　装饰艺术风格建筑的代表——克莱斯勒大厦（美国纽约）

中筋修与合作住宅（cooperative house）

这时，两位比较另类的建筑师造访了我在纽约的小型公寓。其中一位是来自大阪的中筋修。虽然他和安藤忠雄都是大阪人，但两人截然不同。如果说安藤的建筑是磨得无比锋利的日本刀，那么中筋的建筑就是一团乱麻似的大阪杂样煎饼。材料杂七杂八，形态多种多样，他自己和别人都认为他是一个蹩脚的设计师。

中筋一直在建造一种被称为合作住宅的集体住宅。所谓合作住宅，就是几个朋友聚到一起，共同搭建自己的住房。中筋首先号召朋友跟他一起购买便宜的土地，然后把各自喜欢的设计方案组合起来，在这块土地上建造杂乱无章的共同住宅。这与安藤的“日本刀”在所有方面都是截然相反的。

中筋的口头禅是：“等着工作从天上掉下来是不行的，工作是要自己创造的。”如果说兵农分离之后，远离土地的《叶隐》式武士的冠军是安藤忠雄的话，中筋就是兵农分离之前的野武士。野武士与土地紧密集合在一起，无论发生什么事都能生存下去，非常顽强。当我知道日本的建筑界也有这种异于常人的野武士之后，我很是高兴。

另一个怪人是从高知来到纽约的小谷匡宏。小谷的设计也与日本刀截然相反，显得杂乱无章。不过他喝酒非常厉害，这是高知人的特点，我们一起去了很多家纽约的酒吧。在我回到日本之后，就是他们两个人把我带入了一个新世界。

1986年，我决定回东京开设我自己的事务所。我去找中筋商量此事，他说："招募一群伙伴，以合作的方式一起盖一栋楼，然后把其中一层作为你的事务所不就行了嘛。"然后我们决定就这么办。我对众多小型印刷厂在神田川沿岸一字排开的江户川桥一带很熟悉，所以找到了一处便宜的土地，接着，很快就凑齐了一群伙伴。我觉得沿河有一排小型工厂的地方对自己正合适，因为这是与武士道截然相反的杂乱场所。那时正是泡沫经济即将破灭的前夜，个体经营者都很有活力。大家都乐观地相信：我们这样做不仅拥有了自己的事务所，而且不久之后买下的土地应该还会升值，然而，大楼竣工后不久，泡沫就破灭了，土地价格暴跌，升值就不用想了。我们这帮人之前打肿脸充胖子，从银行贷了款，结果突然就陷入了危机。有人破产，也有人自杀，中筋自己的公司也无力偿还贷款。中筋本人也患癌症去世了，可能是饮酒过度所致。幸运的是，我的事务所活了下来。此后，我花了18年时间，替大家把数亿日元的贷款还清了。我的想法只有一个，那就是要报答中筋的恩情，因为是他教会了我顽强的野武士之道。

为什么会出现这种令人悲哀的结局呢？我进行了深入的思考。大家都不愿意住在千篇一律的、被别人安排好的公寓里。据说公寓价格的相当一部分其实是广告和样板房的费用。被迫购买大企业建造的现成商品，然后用一辈子去还贷，最后剩下的只是一件乏味的商品。如果想让子女继承这件商品，就要缴纳高额的遗产继承税，所以能否继承也没有把握。正因为想要摆脱这种一味被大企业和国家压榨的人生，所以大家才会被采取“伙伴们一起盖房子”这一形式的合作住宅所吸引。

与马克思一起写出《资本论》的弗里德里希·恩格斯（Friedrich Engels，1820—1895）在其著作《论住宅问题》中曾预言道，如果采取给予劳动者住房这一政策，劳动者将会陷入比以前的农奴更为悲惨的状况中。因为虽然拥有了住房，但住房并不能生钱，他们将会被拥有住房这一幸福幻想所束缚，为了偿还住房贷款而被强制劳动，直到死去。在恩格斯那个时代，世界上还没有住房贷款这一事物，也没有商品房政策。但是，恩格斯却准确预言了未来日本劳动者的悲剧。

日本现在的悲惨程度可以说比恩格斯的预言有过之而无不及。日本的遗产继承税系统超出了恩格斯的想象。就算房贷还清了，但是如果不能缴纳遗产继承税，房子就会被国家没收。

在这个地震多发的国家，还有可能发生更恶劣的情况。如果在还房贷的过程中发生了地震或者海啸，那么等待你的将是双重贷款的地狱。这就是商品房政策的真面目。战后日本武士道体系的本质就是通过全力发动“商品房”这一引擎来带动整个国家。武士道在持续束缚并压榨劳动者时，其残酷程度远远超出了恩格斯的预计。

中筋作为大阪商人，对武士道体系提出了异议，并且发明了合作住宅这一新体系，也就是一群伙伴一起自由地建造他们自己的住房。换言之，中筋开始走了一条与江户武士完全相反的道路。

但是，就连中筋也没能摆脱住房私有这一体系。他所描绘的蓝图是：聚集到一起的伙伴们各自按照自己的想法设计住宅，然后将其私有化。他虽然否定了大企业建造的现成住房，却没有否定住房私有这一20世纪最大的“胡萝卜”和引擎。甚至可以说，合作住宅成功的秘诀就在于召集同伴时最大限度地利用了这根“胡萝卜”，也就是私有的欲望。这同时也是合作住宅的局限性和失败的主要原因。

当我目睹小公司破产，人们不断死去的场景之后，深刻体会到私有这一引擎是多么脆弱，会让人变得多么不幸。私有无法带来幸福，只会带来沉重的不幸。

在梼原町与木材相遇

就在泡沫经济破灭，我与中筋一起推进的项目陷入困境时，我在纽约认识的另一位怪人，也就是在高知经营一家小型设计事务所的小谷匡宏来找我。他说，在高知和爱媛两县的交界处有一个叫梼原的小镇，那里有一栋木结构的戏剧小屋即将被破坏，请我一定要去看看，并参与到保护运动中去。

当我听说那是一个位于四国山地边境的小镇，并且虽然位于四国，却会下雪时，立刻有了兴趣。虽然不知道是怎样的戏剧小屋，但我想先去深山里走一走。泡沫经济破灭之后，东京的项目全部被取消了，而且东京这个地方本身也让我觉得住着特别疲惫。村落调查时的记忆被唤醒了，我开始蠢蠢欲动。

从村落调查的很久之前开始，我就对农村有一种向往。上小学时，一到长假，我就会逃离横滨的家，去农村的亲戚家玩。在西伊豆的海滨小镇松崎度过的夏天，以及在位于信州大町附近的深山中的亲戚家度过的冬天，都是我特别喜欢的。

我父亲居住在城市里，脱离了大地，是兵农分离后的武士，他关心的只是在公司里如何升迁和退休的事，家中的气氛有些令人窒息。另一方面，农村的叔叔、阿姨们是和大地相连的。无论他们有多么埋怨务农的辛苦，一直抱怨农村生活就是不断操劳，但他们脸上是熠熠生辉的，与隶属于以大企业为中心的社会体系的父亲和母亲相比，他们看上去更幸福。我觉得城市是不健康的、令人讨厌的地方，而农村才是适合人生活的地方。所以，当我听说梼原是非常偏僻的农村时，就想飞过去看看。

民俗学家宫本常一（1907—1981）听梼原一位老人讲述了自己阅女无数的传奇经历，将其写成了名为“土佐源氏”的神奇故事。这让我有一种期待，即梼原的女性也许是开放的、有魅力的。

司马辽太郎（1923—1996）从高知开始沿着坂本龙马脱藩的线路一路走去，在经过梼原时，对梼原街道两边为数众多的被称为茶堂的茅顶小屋的功能提出了新看法。那就是：向过路的旅人提供免费茶水不仅是一种热情的招待，而且通过和旅人一起喝茶，梼原的人们身在深山就可以获得关于城市的宝贵信息。据说梼原的人们就是这样注意到了坂本龙马是个有趣的人，并盛情招待了他。横穿梼原的干道是龙马脱离土佐藩后前往松山时走的山路。梼原是一个特别的地方，充满了各种轶事，蕴藏着不可思议的力量。

梼原的偏僻超出了我的想象。从高知机场坐了四个小时的车，当穿过最后一个隧道时，我仿佛来到了云层之上，心情特别舒爽。木结构的梼原座（见图29）比我想象的更棒。屋顶被细木组合成的纤细的结构系统支撑着，屋内一把椅子也没有，木地板上放着坐垫，观众就坐在坐垫上。我不由得想起了我大仓山的家。梼原座的破旧感和木材的气味非常酷。

到了晚上，我开始跟当时的町长中越准一和小谷一起喝酒。小谷抬举我，说我是刚从纽约回国的前途无量的建筑师。我说："居然要把梼原座这么棒的建筑拆掉，简直岂有此理。"町长也点了点头。中越町长有着敏锐的直觉，最终剧场得以保存了下来。木结构的剧场成为梼原町的象征性建筑，今天依然受到人们的喜爱。

图29　梼原的木结构戏剧小屋“梼原座”（高知县梼原町）

图30　本书作者设计的木桥博物馆（右边的照片是从侧面拍摄的）

在分别之际，町长问我：“隈先生也设计公共厕所吗？”我挺起胸膛说：“公共厕所是我的拿手好戏。”以这句话为契机，我和梼原开始打起了交道。我设计了公共厕所和町营的小型餐厅，还设计了町营宾馆。从那时起到现在已经30年了，我一共为梼原设计了6座建筑。町长已经换了4任，不过每次新的町长都很重视我。一般来说，换了新的町长之后，就会想去找新的建筑师。像我和梼原町的这种关系，在别的地方从来没听说过。

我从梼原学到了很多东西。梼原周边有很多技艺高超的匠人仍然活跃在工作的第一线。梼原林业发达，出产优质的杉木，木匠的水平出类拔萃。

跟这些人在一起工作非常愉快，而且我也学到了很多东西。我发现，与在大城市建造日本刀那样的打磨得非常精细的建筑相比，这是一种完全不同的乐趣。我有一种非常真切的感受，那就是我在和大地一起、和社区的人们一起享受建造的过程。我终于开始看清应该如何去实现在撒哈拉只抓住了一半的东西。我开始觉得，应该可以用一种与战后体系完全不同的方法去搭建建筑。在梼原，我获得了拯救（见图30）。

度过不一样的时光

如果有年轻的建筑师问我对他们有什么建议，我总是回答说："珍惜没有工作的日子就对了。"通常情况下，大家听了这句话都会愣住。建筑师是一个没有委托就无法搭建建筑的职业，因此很容易变得为了获得工作而四处奔走。画家和建筑师的最大区别就在这里。一旦建筑师开始奔走，就会忙于处理每天的工作，无暇顾及其他。自己设计的建筑有何意义？如今的社会需要什么样的建筑与城市？未来的人们需要什么样的建筑与城市？这些问题都没时间思考了。与工匠们好好聊天的时间也没有了。然而工匠才是从事实际搭建工作的人，只有通过与他们聊天，建筑才会具有现实感，才会被注入生命。

我在1986年从纽约回到泡沫经济鼎盛期的日本，当时也是整天忙于工作。但是，非常值得庆幸的是，泡沫破灭了。泡沫的"盛典"结束，我被迫进入了"后盛典"时代。在开始梼原的工作之前的泡沫经济时代，我整天忙于东京的工作，根本没有机会跟工匠们好好聊天。东京的施工现场是由建筑公司的精英职员，也就是现场所长管控的，原则上我只能跟所长谈，这是规矩。如果我越过他，直接跟工匠们聊天，交换各种想法的话，在成本与工期方面就会出现一些麻烦，所长最讨厌这种麻烦。所以，城市施工现场的规定是：只能跟所长谈，话题也仅限于成本和工期。

所有现场所长的口头禅都是："我觉得您的设计非常好，但因为工期很紧，所以细节方面只能按一般标准来了。成本超标和工期滞后都是绝对不行的。"

但是，在梼原度过的时光是不一样的，这个小镇与东京的施工现场流淌着不一样的空气。我来到梼原，望着飘荡在山谷中的雾，心情变得轻松愉快起来，完全没有了想回东京的念头。梼原的食物也很美味，就连米的味道也跟东京完全不同，因为他们在煮饭时会掺入一种具有独特香味的米，因此白米也会变得很香。我在泰国吃过具有同样香味的米，泰国人将其称为茉莉香米。

在施工现场，也没有"绝对不能跟工匠直接交谈"这样一种死板的氛围，我跟各种工匠都可以自由交谈，还跟他们成了朋友。白天，他们在施工时，我就在他们边上，一边看他们的手是如何上下翻飞的，一边问他们各种问题，然后他们就笑我说："连这都不知道啊！"我由此直接接触到了建筑施工过程中的各种秘密，而这在大学里是绝对学不到的。他们在干活时，我也会在旁边提出各种要求。有时，他们会说："这怎么可能做得到？"很干脆地拒绝我的要求。有时则会笑着回答我说："这很简单啊，反而更省事，真的只要这样就行了？"如果现场所长作为经理人夹在我们中间，是绝对不可能发生这种对话的。一些很有意思的做工和细节是我在画设计图纸的时候没想到的，却在梼原实现了。

例如，泥瓦匠是一个满足了我很多高难度要求的大叔，我们两个人一起挑战了土墙中掺入稻草量的极限。我觉得一般的土墙表面过于光滑，不适合梼原这个地方。通常情况下，为了使土墙不开裂，会在其中掺杂一些稻草或线头之类的东西。我们发现增加这些掺杂物的量之后，土墙就会呈现出一种更为朴素的外表，于是我就让他最大限度地增加稻草的掺入量。“这么粗糙真的可以吗？”“没事，没事。”我们就这样协商着，造出了此前从未见过的墙。

有一间千利休设计的国宝茶室叫待庵（京都府大山崎町）。国宝级别的茶室在全日本只有三间，另外两间是“蜜庵”（京都市大德寺塔头龙光院）和“如庵”（已移建至爱知县犬山市的有乐苑）。待庵的黑色墙壁中掺入了比通常情况更多的稻草，布满纤维的墙壁有一种难以言表的温暖质感扑面而来。如果是东京的现场所长，就算你让他增加稻草，也只会落得一个被嘲笑的下场。没想到在深山里与工匠们变成朋友之后，我轻而易举地实现了这个愿望。

我跟各种工匠成了朋友，其中很独特的一位是来自荷兰的抄纸师罗吉尔（Rogier）。有个在町政府工作的年轻人跟我说：“有个奇怪的外国人在抄奇怪的纸，你要是想见见他的话，我来介绍。”我当时觉得这个人很可疑，为什么这种深山里会有个荷兰人？而且，如果说起高知的手抄和纸，有名的地方是仁淀川沿岸，梼原与和纸这一组合也有点出人意料。

沿着狭窄的山路往上爬，会遇到一处老旧破烂的民宅，罗吉尔就在那里工作。他说他找了一间被废弃的屋子住了进来，屋里不通电。我很佩服他居然能在那种漆黑的环境中工作和生活。

不光是他这个人有趣，他抄的纸也很有趣。纸浆中含有大量黑色的楮树皮，抄出来的纸非常粗糙，而且硬邦邦的。另外，他还进行了一些实验，比如在纸浆中掺入栗树、杉树等其他树的树皮，所以地上堆着很多具有奇特质感和色泽的纸。当我询问他纸的价格时，他回答说："我不知道该定什么价格。"就凭这一句话，我决定与他深交。他手工制作了一种台灯，把和纸糊在从山里捡来的树枝和藤蔓上，结果做出了我此前从未见过的柔美曲线，我非常中意。我觉得这种台灯与梼原的深山完美契合，所以决定把它摆放在我正在设计的"云上酒店"的所有客房里。

我还想到一个主意，就是把罗吉尔做的和纸装在镜框里，然后挂在客房的墙上。一般来说，酒店客房的墙上喜欢挂版画、照片之类的东西。不过，深山里的酒店不适合用这种有点时髦的玩意儿。而罗吉尔制作的奇特和纸有一种感染力，适合装在镜框里。

我正好在泡沫经济破灭时遇见了梼原，这对我后来的人生具有重大的意义。我想，一定是山神把我呼唤过去的。

1985年我在纽约偶然撞见了广场协议的签订，以此为开端，曾是20世纪驱动力的产业资本主义开始向金融资本主义转变，这是一个重大转变。所谓金融资本主义，就是脱离了地面的经济学。正因为脱离了地面，所以价格像断了线的气球一样无限上涨。人们把这种上涨当成了经济增长和繁荣，其实这是一种错觉。正如泡沫经济破灭那样，气球也会突然爆炸。

梼原的人们过着与这些东西毫无关系的生活，我因此获得了一种希望，那就是通过在这里工作，通过跟他们打成一片，建筑也许可以再次与大地相连。梼原的工匠们教会了我这种方法。泡沫经济破灭也好，有什么灾难袭来也好，都没关系，就像耕地种庄稼那样，默默地、慢慢地、持续地搭建建筑就可以了。

有人把泡沫破灭后的20世纪90年代的日本称为“失去的十年”。确实如此，这10年间，我在东京连一个设计委托都没有接到。即便如此，我也很怀念90年代，在那段时间也过得很愉快。因为我遇见了梼原这个地方，遇见了“梼原”这种方法。

登米森林的能剧舞台

接下来我遇见的令我难忘的地方是宫城县的登米。如今已经被合并，成为登米市的登米了，不过当时，它还是登米町。1995年，当时的中泽弘町长委托我设计一个能剧舞台。伊达殿下[1]特别热衷于能剧，登米也流传着一种独特的能剧，被称为登米能剧。在登米，学习和表演能剧的谣曲会的活动一直在持续，町长也是谣曲会的成员之一，而且是唱谣曲的名人。但是，那时他们没有专用的能剧舞台，只是在一家中学的校园里搭建了一处临时舞台，每年上演两次能剧。搭建一个专用的舞台是整个登米町的夙愿。因此中泽町长拜托我，让我想办法设计一个低成本的舞台。

他说："我想把造价总额控制在2亿日元内。""没问题。"我没仔细考虑就一口应承了下来，然后回到了东京。后来我调查了各种能剧舞台的实例，吃了一惊。这种舞台的建设费用的市场行情是上述预算的10倍，也就是20亿日元。光是木结构的舞台和演员登场时走的被称为"桥挂"的通道部分，就需要花费2亿日元，这是标准费用。另外，这两个主要部分上方还需要用天花板很高的大型建筑（上屋）遮盖，内部还要设观众席、后台、观众通道等，全部加起来大约需要20亿日元（见图31）。

这样的建筑的工程费用居然只有2亿日元，到底在想什么呢？为什么接受了这种荒唐的工作呢？我开始懊悔起来。

不过，我也非常清楚，那个人口稀疏的小镇是不可能掏得起20亿日元的。要怎么样才能把20亿压缩成2亿呢？

[1] 译者注：指江户时代仙台藩的历代藩主，他们都姓伊达。

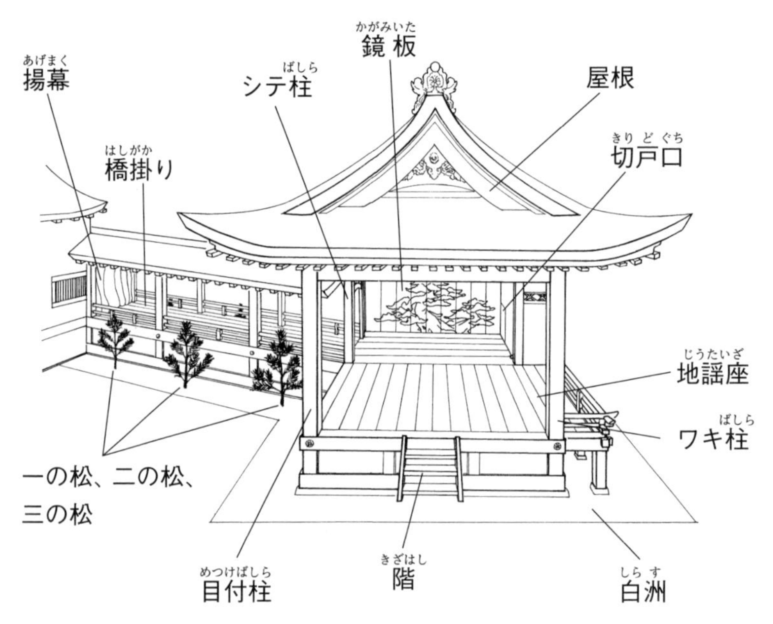

图31　一般的能剧舞台的结构（引用自《看漫画欣赏能剧・狂言》，桧书店提供）

我首先想到的是取消上屋部分。在被称为上屋的大型建筑内放置木造的能剧舞台作为舞台设备，然后在其前方设置观众席这样一种能剧舞台的式样原本就是一种新式样，它首先应用于明治十四年（1881年）在东京的芝建成的芝能乐堂，采用这种新式样的目的是复兴能剧。此前的能剧舞台并没有上屋，只是在白色沙地上放置着舞台、桥挂和后台（镜之间），一眼可以望到底，通风也很好。

这样的话，夏天很热，冬天又很冷，所以到了明治时期，上面加了一层上屋，后来还安装了空调。在室内化、美国化的现代潮流中，能剧舞台也室内化了。

但是，我一直觉得在野外临时搭建舞台的薪能[1]才是能剧原本的面貌。在装有空调的室内空间悠闲地观赏能剧，这是国立能乐堂的风格，我很难适应。

既然如此，那索性就回到明治以前那种把舞台设置在野外的能剧吧，我就这样转变了思路。

当要去挑战新事物时，预算不足反而有好处。如果预算充足的话，大家就会趋于保守，会说："为什么要去进行这种挑战？"相反，如果预算极度不够的话，就会鼓起勇气去挑战。果然，我们提出的搭建一个没有上屋的开放式舞台的方案顺利地获得了登米的人

[1] 在篝火映照下，在野外进行表演的能剧。

们的认可。

但是，即使这样预算还是远远不够，2亿日元只能勉强搭建起舞台和桥挂。当地人提出的要求是：要有观众席，要有后台，另外还想要一座展示登米能剧文化的博物馆。

原本预算就已经很紧了，他们居然还提出这么多要求，我甚至都想大喊一声："你们在说什么傻话呢！"然而，我不想给热情洋溢的人们泼冷水。于是对他们说："我来想办法。"先答应了下来，然后把这些要求带回了东京。

我首先想到的是把材料价格降到最低。舞台和桥挂就需要2亿日元，是因为使用的是著名产地的无节桧木（没有节疤的最高级木材）。用了这种木材，一根柱子的造价就高达1000万日元，所以光是柱、梁的费用就要1亿日元。由登米的人们表演当地代代相传的能剧的舞台不适合用这种高级的桧木，使用当地森林出产的满是节疤的便宜木材才能搭建出具有登米特色的能剧舞台。

大问题解决了，剩下的问题就靠一些小创意去解决。没有表演的时候，就把后台作为博物馆，向社会开放，有表演的时候，就恢复其后台的功能。另外，为了制造回响效果，通常会在舞台下方放置几口空瓮，这个也出乎意料地费钱。当时，我去拜访在东京大学讲授声学的橘秀树老师，他的回答让我大吃一惊。他说："那个瓮其实没有任何声学上的意义。如果是把瓮埋在土里，只开一个口在地面上的话，是可以制造回声的，但是现在的做法是把瓮直接摆放在地面上，所以在音响方面没有任何意义。”

这让我感到无语。既然如此，那不就不需要瓮了吗？看来社会上还存在各种浪费。

但是，在舞台快要竣工时，町长来检查，当场大发雷霆，他怒吼道："哪有不放瓮的能剧舞台！”不过，我一开始就没有留出预算来买瓮。当地一个年轻的工作人员给我出了个好主意，他说："我们这里家家户户都有不用的瓮，可以通知大家给我们提供瓮。”于是我们立刻张贴出了告示，结果很快就有很多瓮被带到了施工现场。一般来说，只要在舞台下方放置几个瓮就可以了，但我们一共收到了好几十个。因为这都是大家的好意，所以不能退回去。最后，我们在舞台和桥挂下方密密麻麻摆放了几十个瓮。

当地的人们一起提供了瓮，从而变得万众一心。由此产生了“舞台是大家一起搭建的”这样一种意识，竣工后的建筑也受到了大家的喜爱。正因为预算不足，所以大家才能万众一心，这是我在登米学到的（见图32）。

图32　本书作者设计的森林舞台/登米町传统演艺传承馆（宫城县登米市）

用杉木搭建的马头广重美术馆

接下来我邂逅的是栃木县的马头町。出生在这个小镇附近的明治时代的实业家青木藤作是歌川广重的浮世绘的收藏家。在阪神大地震中，青木的孙子在神户住处的仓库倒塌，从瓦砾中发现了包括94件浮世绘原稿在内的一大批广重的作品，引发了不小的震动。最后，广重的作品被捐赠给了马头町，于是当地决定要建一座美术馆。

当我接受设计委托，第一次造访该地时，发现山麓有一座很老的木结构香烟仓库，有一半已经朽烂，但还没有倒塌。这一带曾是香烟产地。虽然这座建筑细细长长，不招人喜欢，但我觉得这种漫不经心的建筑是最适合这个地方的。它的搭建方法非常单纯和朴素，就是把细木材组合在一起。我感觉木材这种弱不禁风的纤柔感很适合广重。

当我开始研究广重后，我发现他所画出的线条都是极细的。其中，他的代表作《大桥安宅骤雨》中雨的线条特别纤细而优美（见图33和图34）。

香烟仓库的细木材与广重画中大雨的线条重叠在了一起，我的眼前浮现出了用细木材搭建的美术馆的画面。幸运的是，马头町出产一种名为八沟杉的优质杉木。我的想法是：不单是墙壁，连屋顶都用细木材来搭建。但是，根据《建筑基准法》，屋顶必须使用不燃材料，这让我几乎放弃了用木材搭建屋顶的想法。

图33　本书作者从图34中获得灵感后设计的那珂川町马头广重美术馆

图34　歌川广重所作名所江户百景《大桥安宅骤雨》

这时，有人给我介绍说 ：“离当地不远的宇都宫大学有一个研究不燃木材的有趣的老师，要不要见见他？”

我想，既然是老师，那应该是教授吧，于是我就去拜访了。结果，他既不是教授，也不是副教授，只不过是人事关系在大学。他从栃木县政府的林业部退休后，自己一个人孜孜不倦地研究不燃木材，是一位与众不同的老师。

这位老师叫安藤实，他的话很有意思。他说 ：自己作为政府工作人员，种了很多杉树，但是，没有人愿意使用日本杉树，大家用的都是便宜的外国木材，日本的森林处于无人采伐的荒废状态。这让他对此前的人生产生了怀疑，自己一直辛辛苦苦地种植杉树的目的到底是什么呢？因此，他想让人们都来用日本的杉树，并决定把退休后的人生都奉献给这方面的研究。

杉树的不燃化一直被认为是很难的，因为杉树通过导管从土地中吸收水分，而导管中有很多瓣状物，这些瓣状物会阻碍使木材不燃化的药剂渗入杉木内部。尽管杉木是日本最常见的木材，但因为其有着特殊的内部构造，很难不燃化。安藤老师发现了一种破坏瓣状物的方法，那就是用远红外线来照射杉树。瓣状物没有了，药剂就可以渗透至杉木内部，杉木不燃化的大门被打开了。

最好的木材是后山的木材

安藤老师的研究动机来自他个人，不过正好在那个时候，也就是世纪交替之际，全世界都开始把火热的目光投向了木材。

这种变化的契机是全球变暖。用当地的木材搭建建筑，然后爱护建筑，将其长期使用下去，这种做法对解决全球变暖问题是有效的，这一点已经被科学地证明了。

树木可以通过光合作用来吸收空气中的二氧化碳，并将其固定在树木内部。如果地球上数量庞大的建筑都用木材来搭建的话，就可以减少空气中的二氧化碳，而且减少的量是非常惊人的，这一点已经通过全球规模的模拟实验被证实了。

当然，乱砍滥伐是不行的，而且，如果燃烧木材的话，二氧化碳就会回到空气中。不过，如果爱护木结构建筑，延长它们的使用时间，并且在砍伐木材之后能够保证种植新树，保持自然循环的话，对防止全球变暖就会产生巨大的效果。现存的全球最古老的木结构建筑是7世纪建成的法隆寺。延长木结构建筑的寿命并非难事。目前已经有实证研究证明，防止全球变暖最有效的方法是以60年为一个循环周期，有计划地进行采伐和栽植。如果把一处森林搁置60年以上，不加采伐，就会跟超过60岁的人一样衰老，逐渐固定不住二氧化碳了。

另外，研究还表明，如果任由森林生长而不加养护的话，土壤就会变得无法保持水分，从山上流下来的水的水质也会恶化，成为引发洪水的原因，甚至还会破坏海洋中丰富的生态系统。

对地球环境来说，另一件重要的事是尽量使用当地的木材。如果贪图便宜，从遥远的俄罗斯、加拿大进口木材的话，那么运输木材的船、车等就会释放出大量二氧化碳，这样一来，就算使用木材来搭建建筑，也是得不偿失的。

日本的木匠中间流传着一句口头禅："最好的木材是后山的木材。"后山的光照，包括温度和湿度的变化，都与建筑用地相同。因此，建筑搭建好之后木材也不太会变形。从防止地球变暖这一目的来看，这句口头禅也是非常有道理的。

在世纪交替之际，也就是2000年前后，木造建筑开始受到全世界的关注。这一动向产生的契机不仅是全球变暖。IT渗透到了生活的各个角落，人们的生活被不断与大地割裂开来，我们每天都承受着巨大的压力。而木造建筑拥有一种力量，那就是能够缓解压力。同样是在2000年前后，有关木造建筑与精神疾病之间的关联的研究也开始活跃起来。有的研究结果显示，木造建筑可以治愈儿童的心灵创伤，有时甚至还能提高儿童的学习能力。

在欧洲，不仅是木材不燃化的研究，就连使用木材搭建大型建筑的研究也达到了很高的水平。用纤维方向不同的木材可以做成胶合板，再把多张胶合板黏接在一起就可以做出正交胶合木（cross-laminated timber），用这种胶合木来做墙壁和地板，就可以搭建起纯木结构的10层左右的中型建筑，这已经被实验证明了。在欧洲用石头和砖块搭建起的硬质的街道上，已经开始出现木结构的公寓，木材的新时代开始了。

超越奇奇怪怪的建筑

在木造建筑逐渐兴起的过程中，让我难忘的是我在中国的万里长城边上设计的“竹屋”。这处建筑的起因是当时在北京大学执教的我的朋友张永和给我打来的电话。他说，他的一位朋友，也是年轻的房地产开发商，在长城边上买了一块地，想在那里打造一个全新概念的“村庄”。

那个时候，中国已经开始掀起一股建筑热潮。在上海、北京等地，外观设计一味标新立异的超高层建筑接二连三地出现，这些建筑的设计师在设计时完全没有考虑周围的环境。如果建筑都像这样只顾吸引眼球的话，城市将会变成什么样呢？这让我非常不安。其中，让我印象很深的是荷兰建筑师雷姆·库哈斯（Rem Koolhaas，生于1944年）设计的中国中央电视台总部大楼（CCTV，见图35），它因为奇特外形引起了热议。后来，我在中国工作的时候，经常会出席建筑设计方案的评审会，向有识之士和相关研究人员进行项目的说明，他们对建筑与传统的和谐、

图35　中国中央电视台总部大楼（中国北京）

建筑对地球环境的关怀有着非常严格的要求，非日本所能及。日本人一心以为中国人无视传统和全球变暖，一直在破坏环境，其实这与中国的现状完全相反。反而是日本的制度和法律缺乏对环境的关怀。

在中国的城市中，有很多角落可以治愈心灵。在北京，有一种被叫作胡同的小巷，其周围排列着用灰色砖块搭建起来的四合院。到了冬天，卖羊肉串的摊子一边散发着香味，一边走过小巷。我对这种中国的传统风情很有好感，所以觉得金融资本主义所催生的奇奇怪怪的建筑出现在这片土地上真的很令人遗憾。

我问张永和："那是不是现在常见的那种令人脸红的开发项目？"他回答道："如果是那种项目的话，我就不会找你了。我找的都是亚洲有理想、有追求的建筑师，想展示的是不一样的亚洲、底蕴深厚的亚洲。"

张永和的语气是认真的。我笑着说："可以啊，我也想做这样的工作。如果中国满大街都是欧美的明星建筑师为了挣养老金而搭建的奇怪建筑，那可真让人受不了。"

事不宜迟，我很快就跟张永和以及年轻的开发商夫妇一起去看了建设用地。那是一个12月的寒冷日子，气温只有零下20摄氏度，人都快冻僵了。从北京开了将近两小时的车，在万里长城的八达岭服务区下了高速后，一幅梦幻般的景色展现在我眼前，不过，那块地的坡度很大，我开始担心建筑是否能稳稳立在那块地上。开发商大妇热情澎湃地说道："我们不想做那种只是盖楼的开发。在这里，我们不仅要搭建建筑，还想建设一个新型社区，名字就叫长城公社。"在金融资本主义大有一统天下之感的中国，他们却起了一个比较土的名字，让人联想起法国民众起义后建立的巴黎公社，我觉得很有意思。

但是，当我问起"这种山里能通水电吗"时，他们的回答是："不知道，接下来会考虑。"这让我再次不安起来。他们又说："半年后，也就是5月假期的时候，要全部完工，并召开发布会。"我更加不安了。我才刚刚看过建设用地，还没开始设计，他们居然说半年后完工，那时恐怕连图纸都还没画完吧？当时我觉得他们太离谱了，但在中国，这其实是很常见的。在这种时候，千万不能怒吼："怎么可能做到呢？！"对方是通过"想要半年后完工"这样一种说法，来表明自己的热忱。只要你也表明自己的热情，说："好的，虽然会很辛苦，但我也会努力的！"项目就会开始运作起来，梦想就会一步步成为现实。

时间本身就是建筑

从寒冷的长城回到东京后，对方又发来一个更令人震惊的消息：连交通费在内，希望设计费总额能控制在100万日元以内。无论怎么说，100万日元也太离谱了。我回答说，100万日元的话连交通费都不够，对方的答复是："您已经不需要再去现场了，只要发一张设计草图过来，我们就会基于草图施工的。"

只发草图是我最讨厌的做法。欧美的著名建筑师经常会在亚洲采用这种工作方式：发几张草图过去，再把数千万日元的酬金塞进腰包，剩下的就都交给当地人员，自己只在竣工仪式的时候露个脸，笑眯眯地喝点香槟。也许这是金融资本主义时代独有的高效工作方式。

但是，这种工作方式无法将自己的灵魂注入建筑中，无法赋予建筑生命，造出来的只能是亡灵一般的建筑，仿佛在复制粘贴自己过去的作品，而且清晰度也降低了。

建筑这种东西，是在从画设计图纸到施工结束的几年时间里，与有关人员一起奔波、搭建、聊天的结果。或者与其说是结果，不如说这个过程、这几年的时间本身就是建筑。如果这段时间过得很充实，就能造出好的建筑；如果不是在一起奔波，那么搭建建筑原本就是毫无意义的。我在梼原学会了这种方法，然后用这种方法搭建起了一个个建筑，而且今后也想一直坚持这种方法。

当时我想，只发一张草图过去的工作，还是不做为好。而且，100万日元的预算也太紧张了。我跟事务所的员工商量是否应该接受这份工作，大家都说，这种项目不应该接。

过了几天，事务所里的一个从印尼来日本学建筑的年轻实习生布迪·布拉德诺拿着一张便笺走到我办公桌旁，跟我说了他的计划：从神户坐船到上海，住在北京的便宜旅馆里，具体负责万里长城的项目。布迪有JR（日本铁路公司）的定期票，可以免费坐火车到神户。从神户到上海的船票只要不到1万日元。然后坐火车去北京，住在每晚500日元的旅馆里。每晚500日元的话，一个月只要15000日元，就算在北京住1年，也只要18万日元。如果能拿到100万日元的设计费，应该有足够的盈余。我被布迪的热情征服了。他总是讲一些黄段子和笑话来逗大家发笑，怎么会有这种热情和缜密的计算能力呢？虽然关于人工费我还留有疑问，但是因为他如此干劲十足，我想我没有理由不接受这份工作。“好，布迪，我们就接下这份工作！你去北京吧！”

万里长城的竹屋

我们决定使用中国当地的竹子作为建筑材料。布迪在印尼曾经在建筑中使用过竹子，关于竹子，他有着日本所没有的知识与心得。闪闪发亮、缺乏厚重感的奇奇怪怪建筑在中国接二连三拔地而起，而我们想要搭建的是与其完全相反的建筑。不过，话虽如此，我们完全不清楚这种建筑在中国是否会受欢迎。其实我并不关心这个建筑是否能受到欢迎，而是希望中国有一个能让我尽情发挥的地方，只要能把我对中国的感情转化为现实中的建筑就足够了。

实际的施工可谓历尽艰辛。长城周边地势的高低起伏很大。因为这里的地形险峻而美丽，如果将其弄成一片平地，那就太浪费了。于是我们决定：不去改变地形，而是顺着地形改变建筑物地板的坡度。这样一来，就不用砍树了，还可以保留地面的绿色植物。

一开始我们低估了在中国用竹子搭建建筑的难度。那时在中国的施工现场，用竹竿搭建的脚手架很常见，即使是超高层建筑，也是用竹竿来搭建脚手架。我听说，中国的建筑施工人员认为如果从脚手架上滑落，竹竿可以充当缓冲物，所以他们更喜欢用竹子，而不是钢管来搭建脚手架。我们当时以为，如果用搭建脚手架的技术来搭建的话，就可以用低成本造出有韵味的建筑。

但是，我们太天真了。我们画出了从柱子到墙壁全部都用竹子作为材料的图纸，但当我们去找施工单位时，所有单位都拒绝了我们。他们说："用竹子搭建建筑是不可能的。"我们说："不是有竹子搭建的脚手架吗？"他们的回答是：那种东西很快就会腐烂，然后会被烧掉，根本算不上建筑。

就算图纸画得再美妙，如果没有人施工，建筑就无法实现。

在接受中国这个设计任务的前几年，我曾经在日本用竹子搭建过一座小型的实验性住宅。京都安井工务店的安井清先生是一个特别喜爱竹子的人，所以接受了施工任务。他告诉我，农历七月十五日之前的几天砍伐的竹子最经久耐用，原因是那段时间竹子积蓄的糖分最低，最难腐烂。安井先生还告诉我，砍伐之后要立即进行热处理。竹子里面住着各种微生物和虫子，它们会让竹子腐烂，所以首先必须加热杀菌，这道工序叫作杀青。安井先生告诉我，光是放入热水中的话，温度是不够的，最合适的温度是280摄氏度左右，最好的办法是把竹子放入金属大圆筒中，然后在其下方加热炙烤。青色的竹子加热后会变成黄色，更有味道。

托安井先生的福，我也变成了一个竹子专家。我把在日本搭建的竹屋的照片拿给中国的施工单位看，对他们说："不用担心，我会告诉你们有关竹子的一些使用心得，让我们一起建造竹屋吧。"结果，有一家施工单位的大叔答应了。第二次碰头会时，他带来了一段竹子的样品，好像是把竹子放在油里煮了很久，颜色很奇怪，而且我也没听说过竹子浸在油里有助于提高耐用度。

但是，只要对方稍微有点意向并给出了一些积极的提议，就不能否定其提议，这是我的事务所在经营管理上的一个重要原则。不能给好不容易鼓起干劲的人泼冷水。只要不泼冷水，就算提议一开始不成熟，也会不断变得成熟起来，精炼起来，可行性会得到提升。重要的是不打压其最初的热情。

于是我说："有意思，我们试试看吧！"对方露出白色的牙齿笑了起来。就这样，长城的竹屋项目启动了。

“半年竣工”是一开始的打算，但实际上竹屋花了两年半时间才搭建完毕（见图36）。因为它和中国的那种光溜溜、亮闪闪的建筑太不一样了，我完全不知道它能否在中国受到喜爱。但是，竹屋出乎意料地大受好评。可能是因为中国人曾经创造出了充满人情味的胡同和四合院，而竹屋正好契合了他们的审美吧。过了几年，担任2008年北京奥运会总导演的国际知名导演张艺谋联系我，说他想把竹屋拍进奥运会的宣传片。当时我在中国出差时，曾因为说日语而挨过骂。我想，日本人设计的建筑真的可以用于北京奥运会吗？不过，在中国农村长大的张艺谋说他无论如何都想拍竹屋。最终，在2008年8月8日的北京奥运会开幕式上，竹屋的画面出现在了巨大的屏幕上。很多中国人都对竹屋留下了深刻的印象。后来，我收到了来自中国的各种建筑设计委托，他们都委托我搭建一个像竹屋那样的温暖的建筑。

图36_本书作者设计的“竹屋”(中国北京郊外的长城脚下)

4

2020——东京奥运会

“21世纪就是人和人之间通过屋檐相连的时代，是人类和自然通过屋檐相连的时代，是各种自然、各种场所、各种人群以各种方式相连的时代。”

4 | 2020——东京奥运会

产业资本主义与金融资本主义

如果说2008年的北京奥运会对中国来说是一大转折点，那么2020年东京奥运会主会场——国立竞技场的设计竞赛也许就是日本在资本主义结构和社会结构的一大转折点上发生的特别事件。而且，对于我自己来说，这也是让我感受到各种因缘际会的一件大事。在新国立竞技场的第一次国际设计竞赛中，名列第一的是出身于伊拉克并在伦敦开设有事务所的扎哈·哈迪德（Zaha Hadid，1950—2016）的方案。我在国际设计竞赛中多次吃过扎哈的苦头。

一般来说，大型国际设计竞赛的评审都会分两轮。在第一轮评审中，会有几家公司被选中，进入第二轮评审。顺利通过第一轮被称为入围，当收到入围通知时，可以先举杯庆祝一下。

但是，如果是和扎哈一起入围的话，你的心情就会有些沉重，因为她在设计竞赛中强大得令人绝望。扎哈的设计厉害在她的透视图所呈现出的观感。因为她的绘图很厉害，所以从透视图上看，她作品的形态非常独特，那种三维的、雕刻般的形态一看就知道是她的作品。她能够凭直觉知道如何才能在设计竞赛中获胜，如何才能给评委留下深刻印象。我和她一起入围的设计竞赛有北京（见图37，扎哈在北京赢得的望京SOHO项目）、伊斯坦布尔、撒丁岛、台北，她全胜，我全败。白色的独特形态在平淡无奇的街道中显得特别突出，看上去就像突然出现了一个光辉灿烂的特别物体（造型）。评委们只要看一眼，就会被她的方案征服，从而投票给她。

我则恰恰相反，非常喜欢平淡无奇的街道，并努力让我的建筑融入其中。我在2000年出版了《反造型》一书，把扎哈所代表的方法与我的方法进行了对比论述，在那之前，她就引起了我的强烈关注。在《反造型》中，我将扎哈采用的方法称为“面向造型”的方法。所谓造型，就是与环境割裂开来的物体。另一方面，我将我的做法命名为“反造型”。在书中，我列举了“反造型”的一些代表性尝试，例如仿佛埋入大地中的龟老山观景台，以及仿佛消失在森林中的名为森林舞台的能剧舞台（1996年）。

我感觉扎哈的方法无论是在形态设计上还是在材料使用上，都和我的方法完全相反。但是，她的轨迹和我所走过的轨迹有一处是重合的，那就是我们两个人都曾对装饰艺术风格建筑很有兴趣。所谓装饰艺术风格建筑，就是发端于1929年纽约股票市场的黑色星期三，并改变了世界史走向的那次全球经济危机之前的奔放时代的建筑。扎哈和我都曾对装饰艺术风格建筑特别感兴趣。

图37　扎哈·哈迪德设计的望京SOHO（中国北京）

望京SOHO

雷姆·库哈斯（Rem Koolhaas）可以说是21世纪建筑界最具影响力的建筑师，他和扎哈是前卫艺术家辈出的伦敦名校——建筑联盟学院（AASchool）的同学。以他们两人为中心，他们在1975年成立了OMA（Officefor Metropolitan Architecture，大都会建筑事务所），不过扎哈很快就独立了出来，成立了自己的事务所。大都会建筑这一事务所名称来自雷姆和扎哈对经济危机之前的那种激进设计，也就是装饰艺术风格建筑的关心。雷姆于1978年出版了论述那个时代的建筑群的著作《癫狂的纽约》(日文版收录在筑摩学艺文库中)，吸引了整个建筑界的关注。雷姆凭借这本书才真正出道。扎哈曾经在某次访谈中被问到：如果只能带一本书去岛上，会带哪本书？她的回答就是《癫狂的纽约》。从这件轶事可以看出两人的关系有多么密切，纽约的建筑对两人具有多么重大的意义。

雷姆和扎哈是最先高度评价经济危机之前的癫狂建筑的建筑师。在此之前，这一批建筑在建筑史中被看作疯狂时代的疯狂建筑，是20世纪建筑史上的野孩子。20世纪建筑的主流是以柯布西耶、密斯等人为中心的现代主义建筑。所谓现代主义建筑，就是工业化社会的建筑式样和制服。柯布西耶选择了混凝土，密斯选择了钢筋作为建筑的主要材料，而混凝土和钢筋正是工业化社会和产业资本主义的主角。

在工业化社会产生之前，建筑的主角在欧洲是石头和砖块，它们在各地都是最容易获得的“本地材料”，因此，自古以来一直在被使用。柯布西耶和密斯否定了这种“当地材料”，转而关注起了混凝土和钢铁，这两种材料在世界上的任何地方都可以获得，而且可以高效、快速地搭建起大规模的建筑。他们确立了适合混凝土和钢铁的新建筑样式，设计出了此后20世纪建筑的原型。在新“主流”看来，经济危机之前纽约的“癫狂”建筑是不值一提的，只不过是历史的谎花。

雷姆之所以在70年代关注这朵谎花，是因为他预测到了金融资本主义将要到来，并准确预见了什么样的建筑才适合这种新型的资本主义。他将新型建筑命名为YES建筑。Y代表的是人民币（￥）以及日元（YEN），E代表的是欧元，S代表的则是美元（$）。雷姆一眼就看穿了产业资本主义时代的“一本正经的建筑”已经终结，金融资本主义所追求的奔放的、不正经的建筑已经开始出现；同时，雷姆的上述命名也包含了对整个建筑界的讽刺，因为建筑界彻底沦为了只会对巨额金钱说“yes”的顺从者。在这个意义上，可以说雷姆梳理并改变了20世纪建筑史的走向。也就是说，雷姆进行了从产业资本主义建筑到金融资本主义建筑的转舵。《癫狂的纽约》应该和柯布西耶的代表作《走向新建筑》并称为现代建筑史上最重要的文本。《走向新建筑》是产业资本主义建筑的圣经，而《癫狂的纽约》则是金融资本主义建筑的圣经。

以最完美的形式实践了雷姆发现的新时代的新型建筑的，正是他曾经的伙伴扎哈。她在1983年的一次设计竞赛中，因为评委矶崎新的强烈推荐而获得了一等奖，在建筑界华丽地出道了。那次竞赛设计的是准备建在香港太平山山顶的高级会员制俱乐部。但是，她的设计方案最终没能实现。有一段时间，她经常被叫作“无法搭建的女王”。不过，她在设计竞赛中总是展现出超强的实力，实际完工的作品也逐渐增多。因为她凭直觉就能知道金融资本主义时代需要什么样的建筑设计，并且具有把这种直觉翻译成建筑外形的天才本领。她的设计非但不是无法搭建，而且是以惊人的速度不断地搭建起来。她事务所的规模也不断扩大，在新国立竞技场的第一轮设计竞赛时，光是伦敦的事务所就有数百名员工。她是全世界竞相争夺的红人。黑达尔·阿利耶夫文化中心（阿塞拜疆，2012年）、东大门设计广场（韩国，2014年）接连在她手中诞生。

新国立竞技场第一轮设计竞赛

我没有报名参加新国立竞技场的设计竞赛，原因并不是我觉得赢不了在竞赛中无比强大的扎哈，而是因为我在读了竞赛的报名须知后，感到这是一次奇怪的竞赛。

首先，报名条件的苛刻程度前所未见。根据规定，有资格报名的只有英国皇家建筑师协会和美国建筑师协会的金奖获得者、普利兹克奖获奖者、曾经设计过能容纳1.5万人以上的体育场馆的人。简言之，这个报名须知就是为世界上那几个超级泰斗级人物量身定制的。即使是已经多次参加过全世界各种大型设计竞赛的我们，也觉得这个规定非常奇怪。虽然也可以去找曾经设计过大规模体育设施的大型设计事务所，低声下气地恳请他们跟我们一起组团参赛，但我并不想这么做。这个报名须知想要传递的信息就是——“没你什么事”！我的直觉告诉我，就算强行报名参赛，经历多次熬夜后提交了方案，也毫无胜算。

正如我所料，扎哈的方案被选中了。紧接着，我的老前辈、建筑师槙文彦等人开始提出，扎哈的方案不适合明治神宫外苑的森林，对环境的破坏很厉害。槙先生是建筑界的耆宿，比起单个建筑的形态，他更重视城市设计的和谐，全世界的建筑师都很尊敬他。他的代表作是代官山集合住宅，这处建筑花费了近30年（1967—1992）的时间来搭建，被称为与环境协调、以人为本的建筑的代表。槙先生给我打电话，说他想抗议扎哈的设计方案，让我签名。我很赞同他的意见，所以就签名了。外苑离我现在的事务所很近，我每天上下班时都会经过，不仅如此，这里从我学生时代开始就是我重要的游乐场所。那时，在明治神宫经营的外苑网球俱乐部，我每周都和同学去打球，然后一起去森林边上喝啤酒，喧闹。为了1958年亚运会而新建，后来又举行过1964年奥运会开幕式的原国立竞技场（1958年）下面原来有一个名叫运动桑拿的健身房，收费非常低廉，是日本运动健身房的先驱之一。当时，每当我在熬夜画图纸之后，就会去这家健身房出出汗，然后又回到大学继续画图纸。我觉得，在充满了这种回忆的绿色森林中，是不能容忍扎哈那种亮闪闪的设计方案的。话虽如此，我没想到扎哈的方案后来真的被否决了。虽然以槙先生为中心，很多建筑师都对扎哈的方案进行了批判。不过，一旦启动了大项目，要想叫停是很难的，特别是在日本这种武士社会中，此等事闻所未闻。

第二轮设计竞赛

因此，当扎哈的方案被取消时，我非常吃惊。取消的首要原因是预计工程费用将高达预定成本的好几倍，而且无法削减。重新举办设计竞赛的消息公布后，大成建设和梓设计组成的联合团队打电话给我，说想和我一起报名参赛，我更吃惊了。像我这种喜欢农村，写过《小建筑》《自然的建筑》等书的人，去报名参加国立竞技场那样的重中之重的项目，到底合不合适?

但是，也许时代已经变了，也许新时代的国立竞技场将用混凝土以外的材料来搭建。

长冈市政府大楼的土间和木地板的体验

当我问大成建设为什么找我时，他们说，以前跟我一起做过长冈市政府大楼的项目，完工后当地人都很喜欢那个建筑，建筑本身也很有意思，所以想再跟我合作一次。

长冈市政府大楼（2012年，见图38）对我来说也是一个拥有很多回忆的难忘的项目。我们当时提出的方案是“木结构的市政府”，并且有可以让市民聚会的“室内土间”，结果我们的设计方案最终被选中了。设有市民广场的市政府大楼有很多，但我们想建的不是广场，而是土间。一提到广场，就让人联想起又硬又冷的石板地面。既然是在长冈这种日本的乡间盖政府大楼，我们觉得最适合的是更有泥土气息、温暖柔和的“土间”，而不是欧洲风格的时髦广场。

以前，日本民宅的主角就是土间。铺着榻榻米的房间是只有葬礼、结婚典礼等特别的日子才会使用的场所。平时的生活场所就是把土夯实后形成的土间，这里既不是外部，也不是内部，而是一个开放的场所。白天在这里干活，天黑之后，就变成了大家一起吃饭、喝酒的地方。土间是一个与周围的庭院连在一起的空间，没有门，任何人在任何时候都可以随便进入。我们的想法是：长冈市政府大楼的主角必须是为市民而设的温暖的、无拘无束的土间，而不是被称为厅舍的办公空间。

我们用一种叫三合土的材料做出了室内土间，另外还使用了当地的越后杉、附近的小国和纸，以及附近农户生产的栃尾茧绸。我们制定了一个规则，那就是必须用以市政府为圆心、半径15公里以内的地方出产的杉树，另外，也是按照木匠的格言“后山的木材是最好的”来做的。做和纸时，我们采用了一种叫“雪晒”的技法，就是把和纸埋入雪中，从而获得了雪一样白的质感。由当地的工匠们用当地的材料搭建起来的市政府与一般的“衙门”是完全不同的。

结果，在人口不足30万的长冈，每年有100多万人来到室内土间。从孩子到老人，大家都聚集到了这里。与待在家里相比，孩子们更喜欢在室内土间玩耍，在这里做作业、看书，和朋友聊天。如果觉得无聊的话，可以去市政府里面的运动馆打乒乓球。“老年人是为了见朋友而去医院”，这是一个全世界都在说的笑话，而在长冈，市政府取代了医院，成了老人们的聚会场所。公共建筑的使用方式变了，给人们的印象变了，材料也变了。如果能建造一座这种风格的新国立竞技场，不是很好吗？这就是大成建设来找我的原因。

一旦我们决定了不受此前公共建筑的既有概念的束缚，就冒出了各种有趣的创意。我们脑中浮现出了与传统迥异的体育场形象。

图38　本书作者设计的长冈市政府大楼主楼

我们首先想到的是用木材来搭建国立竞技场。1964年东京第一次举办奥运会时，丹下健三设计的代代木竞技场是名垂建筑史的一大杰作，这毋庸赘言。但是，它同时也是以混凝土和钢铁为材料的巨型雕刻。1964年的日本正处于工业化和经济高速发展的顶峰，在产业资本主义的体系中大踏步前进。解读时代的天才丹下健三用混凝土和钢铁完美翻译了当时的时代精神。这座象征着那个经济增长时代的丰碑成为1964年奥运会的脸面，让全世界的建筑界大吃一惊，日本也一举成为受到全世界建筑界尊敬的国家。

木结构的体育场

但是，现在已经是2020年了，不能再用混凝土和钢铁了吧。如果要找象征当今时代的材料的话，我想大概只有木材了。

我最早与木材相遇是在大仓山的小屋，我在那里出生和长大。当时，满是缝隙的破旧木造平房让我觉得无比丢脸。在经济高速发展和工业化的潮流中，那间不显眼的破屋仿佛成了被遗忘的角落，让我感到很难为情。

但是我想，新的国立竞技场如果要成为产业资本主义和金融资本主义之后的时代的象征，那间小破屋才是它应该学习的对象，而且要学习很多东西。

在梼原、登米和长冈，我积累了不少与当地工匠一起工作的经验，我想把这些经验也应用到新国立竞技场的设计中去。因此，当我们的方案在第二轮设计竞赛中被选中后，我突然被大家称为“日式巨匠”、“日式大师”，这让我觉得有些违和。因为新国立竞技场完全不是日式建筑，而且我对日式建筑也没什么特别的兴趣。我出生的小破屋完全不是可以被称为日式建筑的那种时髦玩意儿。我只是想跟当地人用当地的材料来搭建属于新时代的建筑，这个新时代既不是产业资本主义，也不是金融资本主义，而是再往后的时代。

换言之，我思考的是雷姆和扎哈之后的时代。雷姆的基本思想是：金融资本主义这个怪物需要“癫狂的建筑”。他认为，产业资本主义时代的那种只追求效率和功能性的“一本正经的”现代主义建筑已经被淘汰了，因此对拘泥于现代主义伦理和美学的“一本正经的”建筑师大加嘲笑。金融资本将以惊人的速度对两种建筑的疯狂反差做出反应，巨额资金将会涌向癫狂建筑，结果将导致疯狂的设计被炒成不合理的天价。雷姆早就看出，这种赌博式的经济需要“癫狂的建筑”。虽然写有这些内容的书是在广场协议签订之前的1978年出版的，但此后建筑界的走向正如雷姆所预言的那样，毫厘不爽。

金融资本主义之后的建筑

雷姆确实彻底否定了支撑着产业资本主义的现代主义建筑。但是，在《癫狂的纽约》出版七年后的1985年开始住在纽约的我却是以不太一样的心情来观望这座城市的。《癫狂的纽约》出版的1978年是金融资本主义的前夜，金融资本主义正是即将登场的未来。而在我到达纽约的1985年，金融资本主义已经不是让大家充满期待的未来，而是正在发生的现实，是无法预测的、可怕而又危险的现在进行时。在那一年，虽然签订了广场协议，但大家都觉得，纽约的泡沫随时都有可能破灭。

在当时纽约的建筑界，后现代的豪华超高层建筑不断拔地而起，盛况空前（比如1984年菲利普·约翰逊设计的AT&T大楼）。在建筑设计的同行之间，人们都在谈论“那个黑色星期四什么时候到来啊”，因为大家都感到1929年10月24日（星期四）曾经袭击纽约的那次股市暴跌随时可能发生。

雷姆在泡沫发生之前，以略带兴奋的心情写出了《癫狂的纽约》一书，而我则身处泡沫之中，一边思考着自己的未来，一边在纽约度日。现实是：1987年10月19日，黑色星期一袭来，股价跌幅高达22.6%，远远超过了黑色星期四的12.8%。

接着，在1991年，日本的泡沫也破灭了。我身处资本主义病态旋涡中的纽约，在不安中生活着。暴跌毫无疑问会到来。虽然暴跌和不景气让我感到不安，但更让我不安的是之后的事情。在暴跌和不景气之后，我们需要一个怎样的未来呢？人类和建筑的关系应该变成什么样呢？

我来到纽约时，并不清楚如何协调我在撒哈拉发现的某种模糊的东西与眼前的现实之间的关系。纽约的气氛不仅没能帮我解决问题，反而加重了我的不安。我在校区位于哈勒姆区边上的西115街的哥伦比亚大学担任客座研究员，没有工资，同时也没有任何义务，很是自由，于是我就在美国到处乱逛。到了晚上，为了发泄不安，就开始写稿子。

这段时间写的稿子后来结集为《十宅论》和《再见，后现代》（1989年，鹿岛出版会）出版了。前面也提到的《十宅论》是我的第一本著作。但是，如今重读，发现书中只是信笔由缰地写出了在资本主义结构发生变化、时代发生巨大转变的过程中产生的一种来历不明的、模糊的不安和不满，让人感觉有点草率。

《再见，后现代》是当时在泡沫经济中异常活跃的美国明星建筑师的访谈集。贯穿这本书始终的是一种嘲讽的语气：泡沫马上就要结束了，各位是抱着怎样的打算在不停搭建奇怪的超高层建筑呢？虽然书的标题是《再见，后现代》，但我的真实想法是“再见，泡沫”，“再见，资本主义——产业资本主义和金融资本主义都包括在内”。

金融资本主义把“癫狂”的设计当作投机对象，将其打造成高额商品，以此来给即将落后于时代的建筑这一引擎进行不稳定的涡轮增压，企图延长其寿命。靠着这种涡轮增压，建筑的私有依然充当着引擎的角色，让人感觉世界还在保持着运转。另外，也可以说，和我一起搭建合作住宅并一起失败的伙伴们是“私有”这一引擎的牺牲者。在对产业资本主义、金融资本主义和“私有”加以全盘否定之后，我们究竟能够拥有怎样的未来呢？

低矮的竞技场

但是，实际上我丝毫没有感到悲观，我已经开始看清适合这个时代的幸福了。而且比起 1964 年那种光滑、闪亮的幸福来，这种新的幸福感可能更强烈。我想搭建一座能够暗示这种新型幸福的体育场。带着这样的想法，我画出了设计图纸。

我认为，这座体育场首先必须是低矮的。在人口剧增、经济每年都在大幅增长的 1964 年，高就是价值。丹下健三敏锐地察觉到了时代的这种欲望，在代代木的山丘上搭建起了两座极具艺术性的高塔，然后把屋顶吊在了高塔上。那时，时代追求的是高度，低矮意味着土气和落后。

但是，到了2020年，高是让人觉得丢脸的事。在第一轮设计竞赛中被选中的扎哈方案的最高处有75米。如果在外苑的森林中耸立着一座75米高的建筑，无论是谁都会有一种违和感。我们的团队首先设定了一个目标，那就是把高度控制在50米以下。即使是1958年建成的旧国立竞技场，照明塔的最高处也有60米。可容纳人数从5万人增加到了8万人，但同时却要降低高度，这件事的难度非同小可。首先，我们对地面进行了挖掘，使田径赛场尽可能下陷。观众席也尽可能靠近赛场，同时控制高度，试图以此来提升临场感，并增强运动员与观众的一体感。另外，我们还想出了让支撑屋顶的大梁的高度彻底变低的方法。最终，从外苑西路路面到体育场最高处的高度被控制在了47.7米（见图39）。

我们还注意到，2020年是成本的时代、节约的时代。自从20世纪80年代的泡沫经济破灭之后，对建筑的非难与日俱增。社会上兴起了这样一些呼声：公共建筑是乱用税款的表现，建筑本身就是环境的破坏者，是破坏国家财政体系的社会性罪犯。建筑师被认为是代表建筑系统的罪犯，经常受到抨击。小泉政权的核心政策就是把公共事业减半，并借此获得了国民的支持。保守党政权与建筑业界互相支持的战后日本体系终于画上了句号。

虽然国立竞技场是为了奥运会这一国家层面的活动而搭建的，但如今的时代已经不允许为其编制特别的预算了；相反，正因为是国立的，所以对社会上的反应更加敏感，决不允许有浪费。这与田中角荣凭一句话就追加了代代木竞技场预算的1964年已经不能同日而语了。我们也可以说，扎哈没能读出弥漫在日本

图39　从河出书房新社的楼顶眺望新国立竞技场

的这种时代氛围。与她相反，我们的团队在设计时是将节约贯彻到底的。降低建筑物的高度也是一种节约。我们认为外苑的森林应该也会感到高兴。

曾让美军敌视的歌舞伎座

我们的另一大目标是尽可能多地使用木材。扎哈的方案带给人们最强烈违和感的不是75米的高度，也不是多处使用复杂曲面导致成本居高不下的外形，而是白色的、无机的宇宙飞船一般的质感。在外苑的那处森林中，为什么非得有架巨大的白色宇宙飞船从天而降呢？

这时，我想起了二战中因为美军轰炸而烧毁的明治神宫重建时的一则轶事。

美军的空袭并非想全面破坏东京，而是有意识地想要毁灭若干处重要目标，是非常有选择、有计划的一次行动。歌舞伎座被认为是助长日本人封建精神的“罪恶殿堂”，从而被定为空袭的目标之一。在1945年3月10日的东京大轰炸中，歌舞伎座幸免于难。为了将其毁灭，美军在5月25日又实施了以歌舞伎座为目标的轰炸。冈田信一郎（1883—1932）在关东大地震之后设计的美丽的第三代歌舞伎座（1924年）只留下了面向晴海大道的一堵墙，其他部分都毁于这次轰炸。

战后，驻日美军也很敌视歌舞伎，禁止其演出，试图抹去日本的这一传统文化。毁于空袭的第三代歌舞伎座在战后严峻的经济形势中，只用了令人惊讶的短短五年时间就完成了重建（第四代歌舞伎座），采用的是冈田信一郎的弟子吉田五十八的设计方案。重建如此迅速，原因就在于歌舞伎界和歌舞伎的粉丝们有一种危机感，怕歌舞伎失传，因此想方设法要将其保留下去。

第四代歌舞伎座是在战后建材不足的情况下搭建起来的，有些部位比较薄弱。当它已经老朽得无法进行抗震加固，必须重建时，有关方面找到我，委托我设计第五代歌舞伎座。在此过程中，我得知了美军与歌舞伎座的关系。美军试图消灭歌舞伎这一传统文化的举动在曾经为麦克阿瑟的副手邦纳·菲勒斯（Bonner Frank Fellers）准将做过翻译的鲍尔斯（Faubion Bowers）的努力下发生了重大转变，日本得以保全了这一文化财产。

用木材重建明治神宫

与歌舞伎座一样，明治神宫也受到过美军的敌视。美军曾经认为这座神社和边上的森林是导致日本发动二战的军国主义的精神支柱之一。1945年4月14日，美军实施了以明治神宫为目标的轰炸，他们投下了多达1350发的燃烧弹，就是为了烧光神宫。

与美军的预想相反，神宫的森林并没有燃烧起来。这片森林的种植方案是曾在德国学习林业的本多静六（1866—1952）制订的，然后，通过来自日本全国的志愿者舍身忘我的努力，种植在由旱田、沼泽和草原组成的代代木原野上的这片浓郁的森林，在不到30年的时间里就长成了成熟而强大的森林，如雨的燃烧弹也奈何它不得。对于什么样的树种如何分布才能建成最快成熟的森林，本多静六进行了科学的研究，然后，全国的各种树木被运到了代代木并种植了下去。

但是，本殿、拜殿等木结构的建筑群在美军的轰炸中全部被烧毁了。为了讨论如何重建这群建筑，成立了一个委员会，被任命为委员长的是东京大学本乡校区的设计者、曾出任过东京大学校长的内田祥三（1885—1972）。

如果要造一座不会再次被破坏的神宫，就应该用混凝土作为材料，一开始这种意见占了上风。但是，年纪最小的委员岸田日出刀（1899—1966）却独自一人唱起了反调。他认为，如果明治神宫变成了混凝土建筑，我们日本将会走向何方？因此反对用混凝土进行重建。

以日本建筑史专家为首的其他委员都非常吃惊。岸田不仅年轻，对欧洲建筑的新潮流也非常关注，是一位风头正劲的建筑设计师。东京大学的本乡校区在关东大地震中遭受了重创，在该校区复兴的过程中，岸田在内田祥三教授的领导下，担任了安田讲堂的设计，采用了当时欧洲最先进的分离派风格的设计（见图40），让人们惊叹不已。

因为岸田的一句话，风向发生了转变。用木材重建起来的明治神宫成为战后日本人重要的精神支柱。

我们的团队认为，明治神宫中有木结构建筑，如今要在其外苑搭建的竞技场也应该是木结构的。扎哈的方案给人们带来那么强烈的违和感，最大的原因肯定在于其冰冷的、无机的质感，而不是特殊的建筑形态。

如前所述，使用大量木材，从地球环境的角度来说也是一个重要的选择。

但是，在这个领域，日本已经慢了一步。因为主导着战后日本的价值观是：木材是丑恶的旧时代的象征，新时代的都市应该用钢筋和混凝土来建造。在伊势湾台风导致木造房屋损失惨重之后不久的1959年，对建筑设计界和建筑施工界都有着巨大影响的日本建筑学会全票通过了“禁止木造”的决议。尽管日本拥有世界上最古老的木造建筑法隆寺，曾经是木造文化的先进国家，却无法从“木造自卑”“木材心理阴影”中摆脱出来，迟迟未能实现木材的复兴。我在国外设计木造建筑时，经常会对木匠的水平之低感到无语。而日本明明有技术水平很高的木匠，且如今仍然健在，却在这股新兴的木材潮流中处于落后地位，这让我感到无比懊恼。

图40　岸田日出刀设计的东京大学安田讲堂（本乡）

新国立竞技场应该用木材来建造，这样就可以打破上述停滞的状态，有起死回生之效。正是这种使命感推动着我们团队。

但是，开始进入实际的设计阶段之后，我们发现，要用木材搭建规模如此庞大的建筑并非易事。因为《建筑基准法》等日本法律基本上都是基于“木材已经是过去时了”这一想法，反映了“用混凝土建造新城市”这一战后的世界观。所以，我们不得不做出各种妥协，接受各种条件。

内田老师的教导与日本建筑的庶民性

这时，激励我的是我大学时的恩师内田祥哉老师教给我的各种思想。

内田老师的父亲内田祥三是建筑界的大佬，但同时又是一位极为庶民化的人物，具有庶民思想。他出生在深川的木材商人家，但家里破产了，后来他被横滨的一户商人收养。养父认为，这么聪明的孩子在他们家当学徒太可惜了，因此，让他研习学问，上了东京大学。那时付出的辛劳和努力就是祥三设计的建筑的底色。

如今留在东大本乡校区的建筑物基本上都是祥三设计的。我最喜欢的是本乡的建筑外墙使用的名为刮擦瓷砖（scratch tile）的褐色瓷砖，它使外墙呈现出一种看上去像抓痕的纵向条纹。

当时，在地震中遭受重创的校区需要尽快复兴。但是，瓷砖工厂也同样遭受了重创，因此，仅凭一家工厂是无法提供所有瓷砖的，只能向很多家小工厂订货，以凑齐所需瓷砖。当然，各地小工厂生产的瓷砖颜色各不相同，无法控制。这时，祥三想到了刮擦瓷砖。他凭直觉感到，如果在所有瓷砖的表面弄出同样的刮擦痕迹（纵沟），那么凭借这些痕迹所带来的独特的柔和质感和灰色阴影，就算每一块瓷砖的颜色不同，但就整体而言，应该能产生一种松散的统一感。而且，既然可以允许颜色不一致，那此前作为次品被废弃的瓷砖也可以用起来了，这进一步降低了成本。祥三具有独特的庶民感觉和坚韧不拔的精神，在条件严酷和经费有限的情况下，他采用逆向思维，成就了如今东大校园温暖而松散的统一感。

我一直认为，日本建筑界与西欧建筑界的最大区别就在于庶民性。在过去的西欧社会，建筑师（architect）基本上是贵族和上流阶层的职业。在当地人的认识中，所谓建筑（architecture），原本就与普通的房屋（building）不同，是一种特别的事物。人们认为，建筑是经过精挑细选的人设计的、在特别的地方搭建的特别美丽的东西。

设计出这种特别美丽的东西的建筑师接受的是特殊教育。法国的巴黎国立高等美术学院曾经是艺术精英教育机关的典型。那时，只有从为少数精英服务的特殊学校毕业的人才能获得建筑师的资格，被允许设计建筑这一特别的事物。建筑对社会和城市就是有着如此巨大的影响力，这是当时的社会共识。

另一方面，在日本，从传统上来说，没有必要存在建筑师这一特权阶层。日本过去不存在西欧式的分工，即建筑师负责设计，而工匠负责施工。日本的木匠既负责设计又负责施工。更准确地说，要盖房子的人（客户）与木匠的距离很近，两者一起搭建房屋（不是建筑），并一直使用下去，这才是日本房屋的一般搭建方式。

在西欧，客户、设计和施工是有明确分工的。而在日本，三者没有明确的区分，他们是一个命运共同体。而且，施工及施工结束后的维修保养在西欧也是有明确分工的，但在日本，施工中和施工后这两段时间之间的界线不是很明确，时间是连续流淌着的。即使在房屋完工之后，也经常会改变一些室内的布置和装修等，木匠总是在家里进进出出。之所以能够进行这种没完没了的修补，就在于日本木造建筑体系有着极高的灵活性，这与欧洲那种用石头和砖块砌成厚厚的墙壁、灵活性很低的砌体结构体系形成了鲜明的对比。

以木造为平台，在漫长的岁月中经过千锤百炼才形成了这套日本的建筑体系。到了明治时代，人们却认为它是封建时代的遗物，试图否定它、忘掉它。日本从欧洲邀请来了“建筑师”，委托他们设计“建筑”而非房屋，同时拜托他们开展巴黎美院式的精英主义“建筑师教育”。

在这种现代化和“建筑化”的过程中，里程碑之一就是1964年东京奥运会的代代木竞技场。举行开幕式的旧国立竞技场是建设省营缮部设计的。当时的官员们觉得代代木竞技场也应该由官员们来设计，但最终，代代木竞技场是通过“建筑师”之手，以“建筑师”的名义设计的。据说，之所以会这样，是因为丹下的老师岸田日出刀强烈希望如此，并在幕后进行了推动，而岸田正是试图把西欧式“建筑师”引进日本的人。丹下是“建筑师”的冠军，而屹立在东京天空下的代代木竞技场拥有强烈的个性，不愧是建筑师设计出来的。

另一方面，还有一些人寻求的是一条与上述形式的西欧式现代化不同的道路。我的老师内田祥哉和他父亲内田祥三都是“普通人”。丹下作为战后民主主义的明星发出了无比耀眼的光芒，而在他边上，祥哉老师在探索着另外的可能性。与作为拥有特权的精英而闪耀的丹下式建筑师不同，与工匠并肩同行、与使用者并肩同行的建筑师应该可以被称为现代版木匠吧。祥哉老师摸索的就是木匠式建筑师的道路。我虽然惊叹于丹下的造型能力，但同时也对另一条道路有着深深的共鸣。我认为，在产业资本主义和金融资本主义之后即将到来的“里山资本主义”必须由“木匠”而不是“建筑师”来担纲。我还认为，要想超越“建筑师”设计的1964年的代代木竞技场，必须基于“木匠”的哲学来进行搭建。

内田祥哉老师也曾试图让“木匠的感觉”、庶民感觉回到建筑中。他的研究起点是为了解决战后的住宅不足问题，提供老百姓也能买得起的住宅。为了摸索廉价而快速地搭建房屋的方法，他对预制装配的施工方法进行了研究。以祥哉老师及其弟子们的创意为基础，预制装配式建筑产业在日本兴起，战后日本的老百姓终于可以比较轻松地以便宜的价格买到住房了。

祥哉老师进一步深化了他的研究，发现日本在漫长历史中确立起来的木造住宅的构造方式（传统木造）即使与最新的预制装配建筑相比也毫不逊色，是一个灵活而又合理的体系。他阐明了这样一件事，即传统木造是一个容许各种杂音的灵活而又开放的体系。

祥哉老师经常提起原教旨主义思维的危险性。赞赏木造建筑的人经常会掉进原教旨主义的陷阱。既然采用木结构，那就必须彻底使用木材来搭建一切，这种想法就是木造原教旨主义。用钢筋来进行补强或者用土墙来进行抗震化处理，都被看作不纯正的想法，从而被木造原教旨主义者否定。如果坚持木造原教旨主义，那么能用木材搭建的就只有花钱如流水的超高级的数寄屋建筑了。祥哉老师告诉我们，木造原教旨主义者看上去非常讲伦理，但其实等于是在让大家不要使用木材。可以说，正是托了祥哉老师的福，我才没有陷入原教旨主义的陷阱，正是因为学到了他的随机应变，我才得以在新国立竞技场使用了很多木材。我的思路是：以钢筋为主体结构，再用木材来补强它、覆盖它。借此，在可以容纳那么多观众的大型建筑中大量使用木材才成为可能。而且，这些木材当然是从日本各地的森林中采伐来的。通过使用日本的木材，可以降低大气中的二氧化碳浓度。另外，因为外国木材的大量进口而一直荒废的日本森林也可以得到养护，这将有利于森林恢复至健康状态。

使用小径木的日本木造

祥哉老师彻底探究了日本传统木造的庶民性、灵活性和作为体系的开放性，最后弄清楚了一件事，即该体系的背后是被称为小径木的细木材。因为要爱护森林，养护森林，所以市面上供应的都是间伐材，也就是从森林中间伐出来的木材。使用又细又便宜的间伐材如何造出可以抵抗地震的高强度建筑结构，这种实验在日本长达几千年的历史中反复不断地进行。日本花费很长时间才建立起了健康的森林循环体系，而该体系是以细木材为单位的。正因为有了这一循环体系，日本才没有把森林里的树木都采伐完，而是采伐后又种植新树，并不断重复这一过程，从而保持了高达70%左右的全国森林覆盖率，这个覆盖率在全世界范围内都算是很高的。

同时，以横截面较小的木材为基本单位的日本传统木造形成了一个高度灵活的体系，被称为世界建筑的奇迹。首先，只使用几乎同一尺寸（横截面边长10厘米左右，长3米左右）的木材就能造出所有的建筑。该尺寸对运输、加工和施工来说，都是最容易、最方便的尺寸。因为使用了同一尺寸的木材，所以房屋完工后的各种修补也很方便。受损木材的更换很简单，而且同一块木材可以用于不同的地方，所以扩建和改建也很容易。

另外，被称为“和小屋”的独特的屋顶搭建方式也在15世纪确立了。西欧的屋顶是由桁架（truss，把梁、柱组合成三角形的结构）来支撑的，而在日本，则发明出了和小屋这一方式，也就是把又细又短的木材根据具体情况灵活地组合在一起。在这种刚度很高的和小屋屋顶下，甚至连柱子的位置都可以自由移动。一般来说，用来支撑建筑的柱子是不能挪动的。而日本的传统木造则可以做到：当你想改变房间布局时，连柱子也可以自由移动。这在全世界的各种建筑体系中是非常独特的，是一种奇迹般的建筑体系。

我们认为，要想让历史如此悠久，拥有如此合理和灵活体系的日本木造复活和打翻身仗，关键在于使用细木材，而并非任何木材都可以。在北欧、德国、加拿大等木材发达国家和地区，他们把木板黏合在一起，并使用很粗的梁、柱，尝试着借此来使木材复活。把木材用黏合剂粘贴在一起，制造出胶合木、正交胶合木等大横截面的单位，然后用这种“大木材”去搭建抗震性强的中高层建筑。以此为目标，全球开始了激烈的技术竞争。

但是，这一动向让我有一种违和感。重要的是使用木材，没必要用木材搭建大型建筑或摩天大楼。认为“大的就是好的”是20世纪工业化社会的坏毛病，而“大木造”还在沿袭着这种毛病。

通过使用木材来重新构建可持续的、舒畅的、环保的循环体系才是目前全世界最重要的事。我觉得，重复使用、深度使用细木材的日本传统木造为这种未来的循环体系提供了最好的启示。

因此，在建设新国立竞技场时，我坚持彻底使用细木材。覆盖场馆外围并制造出舒适阴凉的屋檐是用横截面边长为10.5厘米的细木材搭建的。日本的传统木造都是用横截面边长为10厘米左右的细木材为基本单位搭建的，横截面为10.5厘米的木料供应量最大，也最便宜，是性价比很高的木料。这种木材随处可见，是具有庶民性的普通木材。即使在今天，木造住宅的柱子也几乎都是用这一尺寸的木材建造的。这个尺寸是我最熟悉的，也最让我放心。

我觉得，使用这种具有庶民性的木材是最适合21世纪被冠以“国立”头衔的竞技场的。使用特殊材料、具有特殊形态的建筑才是国家象征的时代已经过去了。我认为，使用贴近大众、常见、便宜的材料搭建出的建筑才与“国立”这一名号相符，才适合日本这个少子高龄化、质朴的国家。

超越民族国家的“国立”

何谓现代的“国立”？在现代，何谓“国家”？我对这两个问题进行了思考。在欧洲，通过市民革命建立起民族国家（nationstate）之后，“国立”建筑的任务之一就是象征国家这一架构。国民国家是以“单一民族”这一虚构事物为大前提来组编世界的一种架构，因此，人们开始探究象征各民族文化和传统的形态，对何种形态才最适合某一民族进行了彻底的讨论，甚至还爆发过激烈的争论。其典型就是19世纪发生在英国的一场激烈争论。争论的内容是：最适合英国这个国家的建筑样式到底是哥特式建筑还是古典主义建筑。

到了20世纪初，现代主义建筑席卷了整个世界，上述情况发生了很大变化。现代主义建筑的目的就是创造出适合工业化社会这一新型社会的全球性建筑样式，也就是全世界通用的“制服”，并使其普及，因此，对国家和民族的关心一度被封印了。

另一方面，20世纪是世界大战的时代，也是国家为存亡而战的时代，因此，能够让整个国家团结在一起的象征性事物并非没有市场。在以全球化为目标的经济世界和以民族主义为旗帜的政治世界的夹缝中，20世纪的建筑师们处于一种悬在半空的状态。他们找不到答案，只能持续彷徨在政治与经济之间。

但是，唯一可以无视现代主义和国际化的大原则而挑战国家、民族等课题的地方是存在的，那就是“新国家”这一特殊事物。

例如，始于20世纪50年代，由柯布西耶设计的印度昌迪加尔的一系列建筑就是对适合1947年刚刚独立的印度这一新国家的“国立”设计进行探究后的成果。昌迪加尔实际上是一个省会城市，但当时的尼赫鲁（Pandit Jawaharlal Nehru）总理对这座新城市的规划有着特别的考虑，希望它能够成为印度这个新国家的象征。在悬在半空的紧张感中，柯布西耶完美解决了这一课题。或者也可以说，正是因为有了悬在半空的紧张感，他才创造出了这批杰作。

1971年独立的孟加拉国这个新国家的国会大厦（1983年，见图41）也是20世纪的代表性杰作之一，它是由美国建筑师路易斯·康（Louis Kahn，1901—1974）设计的。他建造出了象征这个国家的美丽大地和刚毅文化、传统的不朽纪念碑。据说，因为这座建筑具有古代遗迹的风格，所以，有些从空中俯瞰它的人错把它当成了真的遗迹。路易斯·康把他人生的最后几年都奉献给了孟加拉国，他在回国途中，在纽约的宾夕法尼亚车站因心脏病发作而逝世，其遗体一度被当作身份不明的人。

丹下健三设计的1964年的代代木竞技场是可以与上述作品匹敌的20世纪的杰作。日本绝不是一个新国家，也许可以说是过于古老的国家。但因为在二战中败北，这个国家作为一个新国家重新出发了，或者说不得不重新出发。对于“如何象征这个新国家”这一问题，丹下也在悬空状态下进行了摸索。

图41　路易斯·康设计 、被称为20世纪代表性杰作的国会大厦（孟加拉国）

丹下的答案是：使用新技术来创造一个符号。20世纪建筑技术的本质是通过重复使用同一技术来进行空间的扩张和扩大。通过垂直方向的重复，可以搭建出超高层建筑；通过水平方向的重复，可以建造出横跨数个地块的巨型建筑。所谓工业化社会，就是以重复的方法为基础来实现降低成本和大量生产的时代。

但是，重复和符号原本就是无法兼容的两个概念。工业化与民族国家具有本质性的矛盾。通过重复，中心消失，世界变成扁平状，无聊透顶。解决这一矛盾的方法就是悬索结构。把屋顶吊在高高耸立的柱子上，就可以在保住中心的同时扩张空间。通过使用悬索结构，丹下实现了技术与象征的并存。

也有人把吊在柱子上的大屋顶的曲面与唐招提寺的大屋顶（见图42）相提并论。代代木竞技场是凭借现代技术搭建起来的，同时，也兼具了古典式的象征性与力量。

1955年以后，整个日本设计界掀起一场关于弥生与绳文的讨论，也就是有关传统的争论，而代代木竞技场是这场争论的答案。在这场争论中，丹下战后的处女作——广岛和平纪念资料馆被认为是弥生式建筑，并受到了批判。的确，广岛和平纪念资料馆的地板正如弥生时代的住房一样，是浮在大地上方，与大地割裂开来的。弥生时代的传统后来被平安时代的寝殿造继承，这种传统被认为是贵族式的，脱离民众的，因此成了批判的对象。

人们认为，以混凝土的均质网格为基础的广岛那种轻快的表达方式在象征日本民族的再生时，显得过于纤细和柔弱，也就是具有弥生时代的特点。与其相对，受到赞扬的是刚劲有力的绳文文化。艺术家冈本太郎（1911—1996）认为，正是在绳文陶器那种超越理性的强劲力量中，才潜藏着可以使日本重生的能量，绳文才是大众化的，因此，他批判了丹下所代表的现代主义建筑。

有人指出，丹下建筑的基本方法是“扬弃”（即德语的aufheben）。据说，丹下在上旧制高中时邂逅了黑格尔哲学的“扬弃”这一概念，然后终生都以这一方法为基础来设计建筑。

在这个意义上，代代木竞技场是工业化和民族国家这一对立的扬弃，是弥生式事物和绳文式事物的扬弃，也是经济高速增长和大地上的民众的扬弃，因此，是对于现代主义所受批判的最终答案。丹下提交的答案是：不采用冈本太郎那种通过激情创造的具有恣意性和艺术性的造型，而是基于理性和现代技术去象征战后日本。这就是1964年的日本提交的对于如何才能同时兼顾工业化社会与民族国家这一问题的标准答案。

但是，在丹下的标准答案背后，很多东西被掩盖了。曾经存在于工业化社会之前的日本的各种技术，以及各地的多种多样的原材料被掩盖了，你可能无法想象这种丰富的多样性出自一个小国，而这种多样性被隐藏在了一件杰作、一个美丽形态的背后。

图42　唐招提寺金堂的大屋顶（奈良县奈良市）

我们所寻找的新“国立”、新“国家”绝对无法用单个形态来象征，而必须是无数个多样化的小东西的集合。必须是多样的、零散的、面貌各不相同的小小的东西和小小的个人的松散集合体。我们想到了通过搜罗细小的木材来制造小东西们的柔和集合体。现代的“国立”必须是小东西的水平的、无层级的集合体。我们的目标不是丹下追求的那种直冲天际的垂直性，而是水平。

而且，这些小东西必须是地方上的小企业也能参与制造的大众化、开放式的东西，而非只有大城市的大企业才能生产的具有贵族性和排他性的东西。另外，“国立”不仅需要是物理意义上的小单位的集合体，而且这些小东西必须是小单位（企业）进行合作之后的产物。有了这种“小”，才有新日本的经济、政治。

我们不仅使用细木材（小径木）搭建屋檐，而且还坚持使用小型木材来支撑大屋顶。通常来说，这种部位如果要使用木材，会使用由多张横截面边长为1米，有时甚至是2米的木板拼接成的大横截面的集成材。欧美最先进的木造技术正在向着这种“大木造”迈进。但是，我们感到，大横截面的集成材有一种类似于混凝土梁柱的宏大规模感，不适合质朴时代的日本，不适合试图在质朴中发现新幸福的日本，因此也就不适用于新的“国立”。而且，大横截面的集成材只能在城市的大工厂里生产。

我们决定向着完全相反的方向努力。我们先搜罗地方上的小工厂也能生产的横截面边长为30厘米以下的小型集成材，然后想办法把这些集成材与钢筋组合在一起，从而让大屋顶产生了森林中阳光透过树叶缝隙照射到地上的那种斑驳效果。根据具体情况随机应变地组合细木材是日本木造建筑的看家本领。用30厘米以下的细木材搭建成的屋顶从外观看上去就很柔和、纤细。我一直想创造一个与用粗俗的混凝土和钢筋搭建起来的20世纪的巨大体育馆形成鲜明对比的空间。因此我认为，像森林一样纤细、开放的空间才适合我们正在走向的质朴时代。在使用小型材料的同时，我们还积极尝试把不同种类的材料组合在一起。日本的木造不是追求纯粹的原教旨主义式的木造，而是将身边很容易入手的材料巧妙组合在一起的反原教旨主义式的、随机应变的体系。例如，日本会频繁发生地震，为了抗震，日本木造会巧妙地使用柱子和柱子之间的薄壁以及楣窗等纤细的东西。

日本的土墙很薄，假设柱子的横截面边长为10厘米的话，土墙的厚度就只有几厘米。乍一看似乎与建筑结构无关的薄薄的土墙在地震时却能保护房屋。这种柔和而又坚韧的土墙是由竹子、稻草、线头等身边常见的材料巧妙组合在一起构成的。由木柱、木梁构成的房屋骨架中加入细钢筋这种异质材料来进行补强这一手法在日本的住宅中也是司空见惯的。

人类学家克洛德·列维-斯特劳斯把这种随机应变地使用身边日常材料的方法称为拼贴（bricolage），该词的词源是法语中表示“修缮”“掩饰”的bricoler一词。克洛德·列维-斯特劳斯在《野性的思维》（日文版，1976年，美篶书房）一书中，提到了“拼贴”这种灵活的手法，并认为其与基于设计图纸来制造物品的“设计”形成了鲜明的对照。新的国立竞技场就是现代拼贴的产物。

连接“国立”与森林

另一件我们重视的事情就是把建筑与森林连接起来。

连接建筑的内部与外部是20世纪建筑的一大主题。20世纪初，建筑的搭建方式发生了一次转变。在此之前，是把石头和砖块堆砌起来搭建出拥有厚厚墙壁的建筑；而在此之后，则变成了将混凝土、钢柱和大块玻璃组合起来搭建成开放的建筑。这种大量使用玻璃的透明建筑风格被称为现代主义建筑，令人们趋之若鹜。建筑师和建筑业界都开始大肆宣传玻璃箱体。人们陷入狂喜，觉得人类通过玻璃再次与自然相连了。

将这种玻璃箱体纵向堆积而建成的超高层大厦成为20世纪城市的象征（例如由路德维希·密斯·凡德罗和菲利普·约翰逊共同设计的西格拉姆大厦，1958年），也成为新时代新的工作方式和生活方式的象征（例如新宿的超高层大厦群）。在郊外这一新建成的“美好环境”中生活，同时在玻璃大楼里工作被认为是最有面子的。这就是20世纪这个时代，这就是工业化社会的文明。

大玻璃真的把内部和外部连接起来了吗？的确，从视觉上来说，内部和外部是连接在一起的。在玻璃箱体里面也可以眺望外面的景色，在外面行走的人也可以大体察觉玻璃箱体内部正在发生什么事。

但是，实际上内部和外部丝毫没有连接在一起。倒不如说因为现代主义建筑，因为玻璃箱体，自然和人类被彻底割裂开来了，其原因在于内部环境，也就是室内环境只能依靠消耗大量能源的空气调节系统来控制。为了维持空调的持续运转，为了让箱体中的照明器具持续发亮，需要持续消耗石油，需要持续运行安全性无法保证的核反应堆。为了往返于玻璃箱体和郊外之间而发明出来的汽车这一工具也是靠消耗石油来行驶的。这就是20世纪这个时代的真面目，玻璃箱体的真面目。

由美国发明的这一体系瞬间就传播到了全世界，二战后的日本是这一体系最卖力的学习者。日本是20世纪体系的尖子生。

2011年3月11日的东日本大地震将这一体系的崩溃以不可逆的形式摆到了人们面前。大地震和大海啸告诉我们，20世纪的人类建立起来的这个体系有多么脆弱，是多么自欺欺人。最好的“尖子生”反而最脆弱，让人觉得这是历史的玩笑，也是历史的必然。

20世纪的人类用混凝土、钢铁和玻璃接二连三地搭建起了人工箱体，并使其增殖，最后，人工箱体覆盖了整个世界。人们曾经确信，这种玻璃箱体是完美的箱体，它凭借工业技术的力量，具有坚不可摧的强度，并通过人工的空气调节系统、供水排水系统和照明系统，向人们提供完美的环境。人们曾为此而感到骄傲。

然而，在自然这一巨大实体面前，这种玻璃箱体什么都不是。原本应该维持箱体运转的核能系统也在巨浪的冲洗下丧失了功能，不仅如此，还向周围散发核辐射。

这让我们认识到，20世纪这一体系，工业化社会这一体系，以及作为其象征的用混凝土、玻璃和钢铁建造的箱体有多么自欺欺人，又是多么不堪一击。

作为2020年东京奥运会的主会场，国立竞技场必须认真理解和消化东日本大地震所暴露出的问题，并在建筑上有所反映。用玻璃连接内部和外部是在该体系中获利的基建行业和建筑行业想出来的工业化社会的虚构。

我们想到的是：不用玻璃去隔开内部和外部，而是用它来搭建一个大屋檐，以此来创造一个有习习凉风吹过的舒适的内部。被屋檐守护的那块地方已经没有必要叫作内部了。它既不是内部，也不是外部，只是人类这种弱小的生物在自然这一无比庞大和严酷的环境中可以随机应变、紧紧巴巴地生活下去的一块小小的地方。

日本的建筑物原本就是基于这种想法和这种自然观搭建出来

的。无数次的地震和其他灾害让日本人深刻体会到了自然的强大和人类的弱小，虚幻无常。因此，日本人没有试图去制造封闭的箱体，而是使用屋檐、檐廊等边界模糊的装置，一边向自然敞开，用身体感知自然之美，一边保住自己的那片小天地。

2020年的新国立竞技场设计的基调就是日本的这种智慧、达观和谦逊。

新国立竞技场设计的基本理念是通过层层的大屋檐来保护弱小的人类。如果把人类关闭在箱体中加以保护的话，为了维持箱体的环境，就必须构建其他的人工系统（例如空调、照明），而为了维持这些系统，需要消耗巨量能源。也就是说，不得不在不合理的系统上再叠加不合理的系统，不得不说出一个又一个谎言。其结果就是，地球这个柔弱的场所，它脆弱的平衡面临崩溃。

新国立竞技场用多层屋檐代替了箱体，因此，风和光的计算就变得极为重要。自古以来，日本人就通过巧妙地引入风和光，或者巧妙地遮挡风和光，来保护自己周围的环境。他们一边计算什么季节会刮什么风，什么季节的什么时间会有什么样的光照射下来，一边决定屋檐的宽度、高度和形状。

因为这次的竞技场是一个大型、复杂的建筑，所以其计算的复杂程度也非比寻常。我们借助电脑，对风和光进行了计算。另外，我们将大屋顶的一部分设计成透明的，这样可以巧妙地引入阳光，以便培育草坪，并使观众席变得明亮。在决定屋顶的哪个部分做成透明的时候，我们又借助了电脑的力量。在不依赖带有20世纪痕迹的空调系统、照明系统的前提下，要想创造出让人感觉到舒适的场所，就必须与电脑一起，不断进行细致的计算和周到的考虑。

在大面积的层层屋檐下，产生了种种令人感到舒适的阴凉。谷崎润一郎的《阴翳礼赞》（1939年，创元社）对从来没考虑过荫翳的现代主义建筑师们造成了巨大的冲击，而国立竞技场就是一个可以让人感受到荫翳之美、荫翳之舒适的场所。

我们将竞技场最上方的一圈大屋檐命名为“风之大庇”。在屋檐下方，建了一条名为“天空森林”的周长约850米的空中散步小道。（见图43）这条散步小道飘浮在外苑的森林之中，从小道眺望外苑森林，有一种特别的感觉。不仅可以看见森林，而且可以感受到来自森林的风。如果是在森林中造一个玻璃箱体，就无法像这样近距离地感受森林。正因为是开放式的屋檐，所以我们才能感受森林，才能与森林融为一体。

屋檐还向下延伸到了一楼，将外苑的树木、土地和体育场连成一体。体育赛事并不是每天都有。体育场不能仅仅为了体育赛事而存在，它必须一直与我们同在，随时可以跟我们对话。为此，我们种植了很多树木，将雨水汇聚成小溪，即使在没有体育赛事的日子里，这个体育场也总是跟我们连接在一起。不是通过玻璃，而是通过屋檐连接在一起（见图44）。

21世纪就是人和人之间通过屋檐相连的时代，是人类和自然通过屋檐相连的时代，是各种自然、各种场所、各种人群以各种方式相连的时代。在把小零件水平组合起来搭建而成的屋檐中，浮现出了既非产业资本主义，亦非金融资本主义的新型经济。另外，从中还可以获得后工业化和后IT时代的新生活，以及民族国家和民粹主义之后的新国家的启示。

图43-1　国立竞技场的“天空森林”

232
233

232

图43-2　国立竞技场的“风之大庇”